环境艺术设计的理论与应用研究

张宇飞◎著

吉林出版集团股份有限公司

全国百佳图书出版单位

图书在版编目（CIP）数据

环境艺术设计的理论与应用研究 / 张宇飞著 . -- 长
春 : 吉林出版集团股份有限公司，2023.6
ISBN 978-7-5731-3923-8

Ⅰ . ①环… Ⅱ . ①张… Ⅲ . ①环境设计—研究 Ⅳ .
① TU-856

中国国家版本馆 CIP 数据核字 (2023) 第 126804 号

环境艺术设计的理论与应用研究
HUANJING YISHU SHEJI DE LILUN YU YINGYONG YANJIU

著　　者	张宇飞	
责任编辑	黄　群	
封面设计	李　伟	
开　　本	710mm×1000mm	1/16
字　　数	237 千	
印　　张	13.25	
版　　次	2024年1月第1版	
印　　次	2024年1月第1次印刷	
印　　刷	天津和萱印刷有限公司	

出　　版	吉林出版集团股份有限公司
发　　行	吉林出版集团股份有限公司
地　　址	吉林省长春市福祉大路 5788 号
邮　　编	130000
电　　话	0431-81629968
邮　　箱	11915286@qq.com
书　　号	ISBN 978-7-5731-3923-8
定　　价	78.00 元

作者简介

张宇飞，男，1987年生，汉族，高级工程师，沈阳城市建设学院环境设计专业教师，辽宁宇飞装饰设计工程有限公司总经理，宇飞艺术工程设计事务所创始人、设计总监，中国室内装饰协会设计教育委员会委员，辽宁省土木建筑学会理事，辽宁省装饰协会装饰装修行业专家，中国注册高级室内建筑师，中国注册高级住宅室内设计师，中国注册高级景观设计师。

代表作品：

2023　沈北新区网络应急指挥中心办公空间设计

2022　沈阳理工大学教职工食堂改造设计
　　　辽宁省对外友好协会室内改造设计
　　　沈阳市沈河区大南街道多福社区室内改造设计

2021　沈阳市铁西区新时代文明实践中心室内设计
　　　沈阳市和平区教育局办公空间设计
　　　辽宁省发改委会议室改造设计

2020　辽宁省安全厅一体化融合作战平台设计
　　　辽宁省政协文史馆庭院改造设计
　　　黑龙江省八五零农场场史馆展陈设计
　　　辽阳市辽宁建筑职业学院校史馆设计

2019　辽宁省政协委员会办公厅改造设计
　　　辽宁省财政厅办公空间改造设计

前　言

随着时代与经济的发展，人们生活水平得到提高，对于周边环境的要求也不仅仅维持在实用性的基础之上，更是要求一种精神享受，一种对生活美的享受。

环境艺术设计的概念是指通过艺术手段对室内室外环境进行规划、设计的一门实用艺术，其中包括室内设计、建筑外观装饰、景观设计、园林设计等与我们生活环境相关的设计。环境艺术设计是一门综合学科，涉及的范围极广。因而在进行设计时，各专业的沟通协调也是非常重要的。

环境艺术设计最终的目的在于改善和优化人们的生活环境，并获得被服务对象的认可。环境艺术设计的表现中，设计师通常用手绘快速将其灵感记录下来，结合计算机辅助设计将其想法淋漓尽致地展现出来。设计本身是一个由粗到细的过程，设计的雏形来自设计师的灵感，针对客户如何将其灵感清晰明确地表现出来，加深其对设计师设计想法的理解与认可是设计的表现技法最主要的目的，因为在获得被服务对象的认可后才可再进行下一步的工作。因而可以说，环境艺术设计中的设计表达是客户接受认可设计师设计方案的重要因素。

本书共五章，以环境艺术设计相关知识为基底，论述了环境艺术设计的理论与应用。第一章为绪论，分别介绍了环境艺术设计相关知识、环境艺术设计的目的与特点和环境艺术设计的发展；第二章为环节艺术设计审美，分别介绍了环境艺术设计审美的基础知识、环境艺术设计的形式美、环境艺术设计的空间美和环境艺术设计的生态美；第三章为环境艺术设计的设计思路，分别介绍了环节艺术设计基础要素的设计、环境艺术设计的程序方法和环境艺术设计的表现方法；第四章为环境艺术设计的实践，分别介绍了室内空间设计的实践、城市规划的实践、公共空间设计的实践；第五章为环境艺术设计的教育，分别介绍了环境艺术设计的人才培养和环境艺术设计的教育建设。

在撰写本书的过程中，作者得到了许多专家学者的帮助和指导，参考了大量的学术文献，在此表示真诚的感谢。

张宇飞

2023 年 1 月

目录

第一章 绪论

环境艺术设计是现代设计师研究的重要课题,环境艺术设计的好,不仅能给人带来优美的视觉盛宴,更能给人带来舒适的享受,便捷的生活和工作空间。本章介绍了环境艺术设计概论,分别从环境艺术设计相关知识、环境艺术设计的目的与特点和环境艺术设计的发展三个方面进行了论述。

第一节 环境艺术设计相关知识

一、环境艺术设计的界定

(一)环境艺术设计的概念

相较于建筑学、美学史等经历过较长历史发展时期的学科而言,环境艺术设计是一门新兴的设计学科与行业。它是以环境与人的关系为主要研究对象的综合性艺术学科。从这个学科专业的名称出发,它首先是被限定于"环境"这个广大的范围中。这是一个特定的研究对象和领域。其次,它是在这个既定的范围内进行的"艺术设计创造"。这指出了环境艺术设计学科专业是一门应用型学科门类,并且与艺术结合,是偏重于应用这个方向的,而不是将专业侧重点定位在技术方面或是其他。

对于环境艺术设计的概念,从不同的角度出发,有着不同的理解。比如对环境中各类要素(包括自然要素与人工要素)的关系进行分析研究,并通过艺术的手法进行一定的干预与处理,以达到对于环境中的人产生某种积极意义的目标,那么从这个角度理解的环境艺术设计则是侧重于"处理关系的艺术";如果从美学角度出发，环境艺术设计的目的在于通过积极探索并重新组合，创造出环境各要素间新的良好关系，使所产生的整体艺术效果为环境带来美好的意义，那么从这个角度理解的环境艺术设计则可以称之为"美的艺术"；如果从时空角度出发，与设计相关的环境各要素（例如时间、具体空间场所等），以及环境中的人都是不断变化的，这决定了环境艺术设计是一个富于动态的艺术创作过程，是一种"时空表现的艺术"；还有从人的认知角度出发，整个环境艺术设计的过程从对于空间环境的感知开始，经历设计阶段的理性思考与感性思维，并最终形成良好、积极的设计成果，则可以认为，环境艺术设计在这个层面内，是一种"感性与理性相结合的创造性艺术"。这些对于环境艺术设计概念的理解，都是建立在一定的客观角度之上。

在环境艺术设计的发展进程中探寻其概念的界定，有一定的复杂性。在我国不同历史发展时期，这门新兴的设计学科与行业曾有过不同的名称与表述。20世纪80年代以前，这门学科直接被称为"室内艺术设计"或"室内环境设计"，主要从事建筑内部环境的装修与布置。可以说，在发展的初期，作为"环境艺术设计"这一学科名目，它的研究范围被主观性地、片面性地缩小了。当然，这是由时代发展的局限所造成的，是必然的过程。随着学科的发展，其研究领域逐渐扩大到包括室外空间环境的整体设计，开始脱离"室内设计"这一单一概念的局限。对于环境艺术设计学科而言，这是长足的进步。很多人认为"环境艺术"的范围应该更大，这种研究领域的涵盖范围仍然不够全面，这种向着综合性、全面性进发的发展方向是很明确的，是科学的。这种发展为环境艺术设计这一概念的明晰化起到了积极的推动作用。近年来，环境艺术设计进一步发展，随着"以人为本"和"可持续发展"等口号的提出并逐渐深入人心，专业研究领域不仅仅涉及室内外具体的环境，而是在此基础上越发关注生态文明、发展良性循环、环境心理的调节与控制等与环境息息相关的各类因素，研究内容更为全面。

在国外，也有一些研究人士给出了对于环境艺术设计的理解。比如，美国的环境艺术理论家曾经这样阐释过：与建筑相比，环境艺术设计的范畴更大一些，较规划意义更为全面，较工程技术更为敏锐，是一门实用的艺术，胜于所有传统思考，这一艺术实践是和人的机能紧密联系在一起的，使得人们身边的一切都具有视觉秩序，并强化和展示着人类所拥有的范畴。这是一种基于理论研究与实践工作基础之上的评论，虽然没有清晰地下定义，但是这样的评论却能够给我们带来很多好的启示。

综合以上阐述，我们对于环境艺术设计的概念有了一个基本的认识。

根据清华大学美术学院郑曙旸教授的观点，比较明确地总结了环境艺术设计这一概念："环境艺术"是从美的角度出发，对人类生存环境进行创作。"环境设计"以客观的物质为依据，从自然环境入手，在现代环境科学的研究成果指导下，统筹自然与人工、社会三类环境的相互关系，使之处于最佳运行状态的工作过程。适合人类生存发展的理想环境，应是生态系统良性循环，社会制度文明进步，自然资源配置合理，科学构建生存空间……这里所讲的"环境艺术设计"包括了环境艺术与环境设计的全部概念。

在实际的研究与设计中，环境艺术设计的这种"创造、协调与建设"是落实在具体工作中的。概念包括的范围可以很广泛，但现今环境艺术设计的工作重点仍然是以室内空间环境设计和外部空间环境设计为主，兼顾着其他方面。

（二）环境艺术设计涉及的范畴

环境艺术设计涉及的范畴非常广泛。任何涉及环境自身、人、环境与人的关系的方面均被这一学科纳入其研究的范围之内。

就环境来说，它是围绕着人类这个主体而发生作用的客体存在，既包括物质因素（空气、水、土地、植物、动物），也包括非物质因素（观念、制度、行为准则等）；既有自然因素，也有社会因素在里面；既有非生命体的形态，又有生命体的形态。通常按环境的属性，将环境分为三个种类：

1. 自然环境

它是指还没有经过人类加工改造，自然形成的环境系统。是自然界中各种物质在一定条件下相互作用形成的复杂整体，它由大气环境、水环境、土壤环境、地质环境、生物环境组成。

2. 人工环境

它是指以自然环境为基础，经过人类加工改造而成的一种环境和体系，也就是营造出来的一种环境。不同于自然环境，人工环境通常主要表现在按照人的意志进行，使客观存在的自然物质在形态上发生变化，让它失去本来的自然面貌。

3. 社会环境

社会环境是指社会成员之间的各种社会关系构成的一种环境，内容涉及政治体制、经济联系、文化传统、社会治安、人际关系等。

对于环境艺术设计而言，自然环境的各种特征是被人们逐渐认识的。这种认识从主观到客观，从单一到系统化、科学化，逐步形成关于自然环境的各个学科门类，这是设计的基础。环境艺术设计的主体是人工环境的各个方面，包括与我们生活密切相关的环境场所设计，城市整体或区域景观设计，居住区设计，商业中心设计，滨水区设计，广场、道路设计，建筑组群、单体设计，建筑装饰设计，环境小品设计等。而社会环境通常是环境艺术设计经过努力力求影响和引导的方面，所以也与之相关。例如对一个旧有生活片区的改造设计，可以激发地区活力，影响此地区人们的生活、交往和消费，进而使邻里关系更为融洽等。

就与艺术结合这一层次来说，环境艺术设计的范畴包括艺术中所涉及的很多方面。其中有与美术学交叉的部分，如设计中关于美的审视、运用和鉴赏、评价；对传统中国画美的意境的追求；雕塑、陶艺、铁艺小品的运用；建筑美学的引导方式；摄影技巧的灵活运用等。还有与音乐学交叉的部分，如环境设计中声环境的营造。也有与文学交叉的部分，如在设计中运用小说学中的创作构思方式：在环境文化意境的创造中巧妙借用诗学的相关内容等。

其实环境艺术设计在关注诸多方面的同时都涉及了人类本身。人性的特点如亲近大自然（心理与行为）、交流与沟通、对美好、方便的生活环境的追求等，都是环境艺术设计研究的内容。其目的就在于为人类创造出符合人们需要（生理、心理）的，能适应人类各项活动要求的，舒适宜人的空间环境。

从狭义上说，环境艺术设计是研究各类环境中静态实体、动态虚形以及它们之间关系的功能与审美问题。静态实体包括了环境中客观存在的，具有相对静态属性的，具体的物质对象，也就是我们平常都可以感知到的环境实体要素及各类设施。例如墙面、各类家具组成、装饰构件、静态水体、外部空间环境植物组成、各类小品等。动态虚形包括了空间环境中具有动态属性的各类要素以及由它们创造出的，可以通过具体分析理解的抽象虚体形态。处理好这些内容之间的关系，环境就可以达到一种相对平稳的、合理的状态，再通过创造使其具有良好的审美感受，带给人们精神上的满足，在环境中产生愉悦的情感，这就是环境艺术设计的目的。

在了解了环境艺术设计的概念和范畴的基础之上，我们还需要有一套科学的学习与研究方法。

第一，分块分章节学习与整体知识体系的构建。环境艺术设计的内容分类很清晰，例如材料、色彩、采光与照明、施工工艺、技术方法等，需要我们分块分章节系统学习。同时，作为整体的知识体系，它的各部分内容又密不可分，在实践中也是综合运用的。我们一定要将各部分知识相融合汇总，形成一个整体的学科专业知识框架。

第二，阶段性学习与温故不间断学习相统一。学习与研究环境艺术设计，每一门具体的课程都是有时间约束的，是阶段性的。但是从事这个行业，为其发展做出贡献又会是一个不间断学习的过程。当我们不断温故，才能够知新，阶段性学习和循环往复地不间断学习彼此并不矛盾，是相统一的。

第三，从实践工作出发的经验总结与理论相结合。环境艺术设计的理论基础来源于实践工作，实践为理论研究提供着源源不断的、新的各类信息与经验，进展中理论研究又会反过来指导着实践。学习与研究环境艺术设计，切不可抛开实际，埋头书本，也不可在不懂理论知识的境况下盲目实践。只有两者相结合，才是科学的学习方法。

二、环境艺术设计的功能

从整体上来看，环境艺术设计的功能主要表现在三个方面，分别是物质功能、精神功能以及审美功能。

（一）物质功能

环境作为满足人们日常室内外活动所必需的空间，实用性是其基本功能。儿童在幼儿园的学习、活动，学生在教室里上课，成年人在办公室工作，老年人在家中种花，人们在商场内购物，都体现出其物质功能。

1.满足生理需求

空间设计要能够达到可坐、可立、可靠、可观、可行的效果，要能够合理组织，满足人们日常生活中对它的需求，其距离、大小要能够满足人的需要，尤其是自然采光、人工照明、声音质量、噪声防潮、通风等生理需求，使环境更好地实现这些功能。

环境及其设施的尺度与人体比例具有密切关系。因此，在设计中，设计者应了解并熟悉人体工程学，对于不同年龄、不同性别人的身体状况有足够了解。此外，除了一般以成年人的平均状况为设计依据以外，还要注意在设计特定场所时要充分考虑到其他人群的生理、心理状况。

2. 满足心理需求

环境艺术设计为人们提供的领域空间有如下几个分类。第一，原级领域：如卧室、专用办公室。第二，次级领域：如学校、走廊等。第三，公共领域：如大型超市、公园等。由此可见，在环境艺术设计中，设计者应重视个人空间的可防卫性，给使用者身体与心理上的安全感。美国纽约大学奥斯卡·纽曼教授，曾根据人的领域行为规律提出"可防卫空间"的概念，原则如下：

第一，明确界定居民的领域，增强控制。第二，增加居民对环境的监视机会，减少犯罪死角。第三，社区应与其他安全区域布置在一起，以确保安全。第四，应该促进居民之间的互助、交往，避免使其成为孤立的、易受攻击的对象。"可防卫空间"的关键在于对居住环境的划分，不同层次的领域之间应该有明确的界限。人在环境中生活，有着私密性与交往的需求。因此，在设计中，简单地提供隔绝空间，并不能解决问题。在环境艺术设计中，隔断空间联系，限制人的行为，控制噪声干扰，就成为获得私密性的主要方法。

由此可见，在环境设计中，空间不仅应满足视、听隔绝的要求，而且还应提供使用者可控制的渠道。例如，对居住区而言，住宅单元到小区，再到居住区的层层扩展，就能构成渐变的亲密梯度。

3. 满足行为需求

在设计的各个阶段中，人的行为与基地环境相配合，在设计中，空间关系与组织以及人在环境中行进的路线都应该成为主要考虑的因素。如勒·柯布西耶为哈佛大学视觉艺术系设计的卡彭特视觉艺术中心，就在基地环境上考虑了波士顿的气候，邻近建筑物的位置与风格，以及在空间关系上的相互关系。由于不同人群在不同环境中有着不同的行为，具体环境也存在类型的差异空间形态。因此，在设计中，空间特征以及设计要求都会针对不同的功能，有不同侧重。如住宅一般包括客厅、起居室、书房、卧室、厨房、餐厅、卫生间等，满足居室主人会客、休憩、阅读、饮食、娱乐等日常行为需求。

文教环境主要是指各种校园以及城市图书馆等构成的环境空间。如学校在环境中大都划分为静区与闹区。因此，在环境艺术设计中，应反映学校精神面貌以及积极进取的气息，注重树木、公共绿地、喷泉、雕塑、壁画、设施等的应用，深入分析需求细节，从而更好地设计，满足师生学习、阅读、饮食、运动等行为需求。

商业环境的优劣直接关系着人们的购买行为。商业环境包括商店内部购物环境和商店的外部环境。因此，在设计中要体现舒适性、宜人性和观赏性，满足人们行、坐、看的行为需求，增强购物欲望，丰富艺术趣味和文化气息。街道环境包括街道设施及其两侧的自然景观、人工景观和人文景观。在设计中要满足汽车、人力车及步行的行为要求，调节视觉疲劳，引起人们的审美活动。在一定的空间范围内，在设计中要让人们免受车辆的干扰，保证人的安全，满足人的行为需求。

（二）精神功能

物质环境借助空间反映精神内涵，给人们情感与精神上的启迪。尤其是具有标志性与纪念性的空间，如寺观园林、教堂与广场等。景观形态组织完全服务于思想空间气氛，引起精神上的共鸣。

1. 形式象征

在环境艺术设计中，表达含义最基本的是从形式上着手，尤其是在中国古典园林中更是如此。在园林设计中，尽管不是真的山水，但由它的形象和题名的象征意义可以自然地联想，引起人情感上的共鸣。

此外，在用形式表达含义与象征时，可以使用抽象手法。有时一个场地最明显的独特之处是与之相联系的东西，如费城的富兰克林纪念馆就是这样。再如乌松设计的悉尼歌剧院，其抽象的弧形线条不但使人们联想到帆船，还具有其他多种可能性，给人以更大的遐想空间。

2. 理念象征

环境艺术设计中由于人的介入而被改造创建，因此必然具有理念上的含义。比如住宅常常表达着"港湾"的理念。设计者要表达理念的深层含义，这往往需要使用者或观者具有一定的背景知识，通过视觉感知、推理、联想才能体验得到。

不论是古代与现代，中西都有很多的这种表达理念上含义与象征的例子。如古罗马时期的理论家维特鲁威提到希腊人热衷于探讨人体的完美比例，就是借由人体美而进入建筑与雕塑、绘画之中的范例，希腊人创造多立克柱式，以此来表达男性特征的美。

再如，柏林爱乐音乐厅也是长期构思的结果。它从德国民族特色的理念出发，代表德国人热血的美梦，表现时代的可能性，展现作为"音乐的容器"在人心灵上产生的效果。

3. 哲学宗教象征

在环境艺术设计中，精神功能常常表现在哲学与宗教意义上。在设计中，设计者贯穿哲学含义，引发深层思考。如中国古典园林的水景设计，就体现了庄学、玄学中的思想，中唐以后明心适性的园林，则体现知者动，仁者静，知者乐，仁者寿的哲学思想。

再如，古希腊、古罗马的帕提农神庙、万神庙，中世纪的拜占庭式圣索菲亚大教堂、斯特拉斯堡大教堂，以及文艺复兴时期的圣彼得大教堂、卡比多广场、波波洛广场等，都是体现宗教哲学象征的范例。

4. 历史文脉象征

历史文脉象征体现在许多现代的作品中，如美国华盛顿国务院大厦内部大厅、日本筑波科学中心广场等，都巧妙应用了米开朗琪罗卡比多山的椭圆形广场图案，使人联想到历史精神的含义，体现一种历史与文化的追怀。

（三）审美功能

审美活动是一种生命体验，作为生命体验的审美活动是主体对生命意义的把握方式。在艺术设计中，对美的感知是一个综合的过程，环境艺术设计的物质功能需要满足人们的基本需求，精神功能满足人们较高层次的需求，而审美功能则满足对环境的最高层次的需求。可以说，环境艺术具有审美上的功能，更像是一件艺术品，在实际中给人们带来美的享受。

由此可见，环境艺术的形式美是对形式的关注，在设计中环境艺术造型可以产生形式美，尺度、均衡、对称、节奏、韵律、统一、变化等会建立一套和谐有机的秩序，从而有助于带给人们行为美、生活美和环境美。

三、环境艺术设计的要求与原则

（一）环境艺术设计的要求

环境艺术设计对我们的学习和设计工作有着总体的概括性要求，可以总结为：在人与环境和谐的基础之上强调设计的创新与个性。

1.注重创造人与自然的和谐关系

这项要求是从环境、人与环境关系的层面出发的，是设计发展的基础。追求人与自然的和谐，不是近年来出现的新思想，它是中国几千年传统文化的主流。和谐，即配合适当和匀称。是在特定的条件下，对立事物之间能动地、相对地发生联系，事物之间是辩证统一的，不同事物之间也可以相互协作、相辅相成，形成互惠互利、互促互补的友好关系，以期能够共同发展。马克思认为，人的自由而全面的发展，及人与自然之间关系的和谐，是社会发展的理想模式。和谐统一的观念，是辩证唯物论所支持的。

人与自然的关系问题，是哲学中的一个根本问题。儒家的"天人合一"；道家的"道法自然"；佛家的"佛性"，这些观点在试图阐述这一问题。虽然从时代发展的角度看有它们各自的局限性，但却有一个共同的特征：强调人、社会与自然的和谐共处。这种思想与中国本身的环境文化是统一的。从古至今，中国都有明确的保护环境的法规和禁令。早在夏朝时期，就有了春季不允许砍树、夏天不允许打鱼的规定；秦代，严禁在春季采收刚萌芽的植物，禁捕年幼野兽，严禁毒杀鱼鳖。可以看出，古人对人与自然关系的保护是从长远发展的角度出发，既保障了社会繁荣，同时又体现了对自然的尊重。相比较之下，西方的自然观，尤其是从16世纪开始发展起来的自然观，是强调人要征服自然、改造自然，才能求得自己的生存与发展。这在相当长的一段时间内成为社会的主流思想。在这种思想指导下，人类取得了巨大的物质文明成就，社会经济也空前繁荣。但伴随而来的是生态平衡的破坏、环境的污染，以及能源和动植物等生物资源的严重危机。

实践证明，这种反自然的发展观是不对的。如要形成并保持人与自然的良好关系，必须使人与自然和谐。这符合科学的发展观，是环境艺术设计无论何时，无论发展到何种阶段都必须遵守的要求。

人与自然的和谐存在于两个方面：一是人与自然的内在和谐一致的关系，二是人与自然的外在和谐一致的关系。前者为人类本性所决定，后者是指任何自然存在物之间的和谐，人类和自然界还是协同发展的关系，改造自然是为创造出适合人类生存的优美、完整、安定的环境。这与环境艺术设计的总体目标是相一致的。它发生在人类加工改造自然界的现实活动之中，要在充分尊重自然的基础上适度、适当地改造自然环境，使之更适应人类生存的需要。要求在设计时，充分了解自然环境（基地特征），包括气象变化、气候特点、地理及水文情况等，制定出适应本地环境的设计策略，并以此为依据进行具体方案设计。在整个设计过程中兼顾环境（保持生态平衡、避免环境污染与资源滥用等情况）与人的需要。

2. 明确设计的发展点在于创新

设计必然伴随着创新，有了创新，发展才成为可能。那么，何为创新？所谓创新，就是人类运用已有的自然资源或者社会要素，打造一个新型矛盾共同体，是具有新思维、新创造、新描述的人类行为概念化过程。创新一词源于拉丁语，它包含着更新、创造、改变三层意思。它是人的主观能动性在人身上的一种高级体现，只有创新，才能够推动社会和民族的发展进步。人类通过不断改造物质世界，产生各种新型矛盾关系，形成了一种新型物质形态，可以说，实践是人类创新的基础。环境艺术设计本身就是一门走在时代前列的学科。事实证明，它无论在理论还是实践方面，都与创新有着更为紧密的关系。那么，如何创新呢？首先，要求设计者拥有对于设计的兴趣，这是创新思维的营养元素。孔子说过："知之者不如好之者，好之者不如乐之者。"[1] 只有感兴趣才能自觉地、主动地、努力地去

① 中共济宁市委宣传部，济宁市文学艺术界联合会. 儒学经典三百句 [M]. 济南：山东人民出版社，2016.

观察、思考、探索，才能最大限度地发挥人的主观能动性。其次，要对看到的、想到的事物提出问题，这是创新行为的有效举措。一个好的设计作品，是如何形成的？有什么样的设计技巧？优点有哪些？又能对"我"有什么样的启发？有了这些问题，才能有针对性地思考如何解决问题。再次，思考与创造，这是创新学习的方法。经过一个反复的思维过程，问题逐渐清晰，解决问题之路也会越走越顺畅，最终得到创新的成果。

3.要求设计尊重民族、地域文化

这项要求确保了环境艺术设计具有自身特色，是其具有个性的前提条件。现今，只靠经济的发展是不能满足社会全方位发展需要的。在人与自然和谐共处的大框架内，文化才是人类社会最有价值的东西。传承和延续文化，是人类社会发展必须要做的事情。

如何将文化传承下去，首先要对民族、地域文化予以尊重。所谓民族，一般是指那些在历史上形成过的民族、在不同社会发展阶段，形形色色人类共同体。地域文化中的"地域"，是文化形成的地理背景，范围可大可小。这里分两个方面：一方面可以从世界范围来看，尊重民族、地域文化要求尊重中国传统文化；另一方面，从国内范围来看，尊重民族、地域文化要求尊重各地区、各民族独特的文化。民族、地域文化的形成是一个长期的过程，它是不断发展、变化的，在一定阶段具有相对稳定性。

中国传统文化是中华文明演化而汇集成的一种反映民族特质和风貌的民族文化，是中华民族几千年文明的结晶。它世代相传，历史悠久，从工艺技术方面、思想方面、生活习俗方面、审美方面，无一不是一个长期传承的过程，并在此过程中进一步发展。历经几千年，积累了深厚的底蕴，具有鲜明的民族特色，与世界上其他民族的文化大不相同。它博大精深，涵盖面非常广泛，内容丰富多彩，经过时间的锤炼，已经达到了一个很高的深度。

其次，对于中国传统文化，我们要不断地了解与学习，通过长期的设计实践，才能形成一个量的积累。尊重民族、地域文化，从意识形态上来说，要求我们把传统文化牢记心中。在进行具体设计时，时时思考设计能彰显的特色与文化精神，与世界上其他国家、其他民族的差异。设计工作者应当把继承与发扬中国传统文化作为己任，让它在设计的领域里焕发耀眼的光彩。

最后，是尊重各地区、各民族独特的文化。由于自然条件各不相同，中国各地区的物质基础、人们的生活习惯、文化差异很大，这就形成了不同的地域文化。地域文化是指文化在一定的地域环境中与环境相融合打上了地域烙印的一种独特的文化。诸如以庭院经济为特点的齐鲁文化，广汇百家、多源包容的湖湘文化，还有中原文化、蜀文化、闽文化等。学习不同个性特质的地域文化，可以拓宽我们的视野，丰富我们的设计思想，而不能把一成不变的东西用于每个设计。例如在安徽地区，人们对传统徽式建筑感情很深，若要把东北俄式建筑搬到这里，产生的效果可能是不协调的。我国各民族在长期的交融发展中也产生了自己独特的文化特征，这是中华民族的宝贵财富。比如象征中华文化的旗袍，就来自满族妇女的服饰习俗。尊重各民族文化，提炼其中的闪光点，尊重各民族人民的喜好和禁忌，有利于民族团结与稳定，增进各族人民之间的感情，更重要的是，丰富的民族文化，可以使设计更加多彩和生动。

（二）环境艺术设计的原则

除了总体性要求，环境艺术设计还有一些具体的基本原则用于指导我们的理论和实践工作。

1.整体性原则

人与自然和谐的总体性要求告诉我们，在进行设计时应当综合考虑环境的各种要素，这同样也是整体性设计的客观要求。在环境艺术设计中，整体性原则要求我们对待客观设计对象"整体"，以及设计过程中设计思维的整体。客观设计对象的整体性包括与设计相关的客观环境的所有组成要素，以及它们之间已经存在的关系。组成要素有基地限定性要素（如进行室内空间环境设计时原建筑物的限定，有平面分布、立面形态、空间限高等，外部空间环境设计时的红线范围等）、土地质量与土壤情况（土壤成分、pH 等）、本地气候特点、气象变化情况、光环境（自然光与现有人造光源）、声环境（自然声与原有人工声源，包括长期或短期存在的噪声）、环境内及外围的交通情况、人群组成及特点、本地动植物种类及分布等。它们之间存在着这样或那样的关联，比如土地质量与土壤情况、气候特点、光环境、声环境一起，决定了环境中可能出现的生物种类，进一步影响到环境的生态平衡；交通环境及人群组成决定了可能出现的设计类型与环境具体功能设定等。这些组成要素有的是对设计有利的，可以加以利用；有的是现存的不利因素，如噪声、土壤贫瘠可以通过设计得到改善。总之，要遵守整体性原则，对影响设计的各方面、各因素综合考虑，整盘布局，才能在具体设计时做到心中有数。

设计过程中设计思维的整体性，除了上述需要整体考虑具体内容之外，还要求设计者思维连贯，从始至终，一鼓作气，使设计各阶段环环相扣。具体设计中，虽然有方案的反复推敲甚至推翻的情况，但是整体性的设计思维是连续的。只有不断地揣摩分析、思考，才能使方案优化，最终达到设计的要求。

2. 动态性原则

这项原则的侧重点在于强调环境艺术设计存在及发展的状态。任何一门学科专业如要长期存在，都要有着动态发展的自身属性。所不同的是动态性表现出的更新或发展速度有快慢之分。例如新的学科专业往往在发展之初有着蓬勃的发展态势，表现出的动态性较大；而具有一定历史的学科专业有着深厚的研究基础，发展至现阶段已经较为稳定，表现出的动态性相对较小。环境艺术设计作为一门新兴的学科专业，发展的时间并不是很长，正如处于成长期的孩子，快速奔跑在发展的大路上。所以遵循动态性原则，是符合学科专业自身特点和发展要求的表现。

动态性原则。一方面是从动态与静态的角度来看，强调学科专业的发展状态，督促其不能满足于现有取得的成就，停留于原地，要保持良好的发展动势。只有发展，才是硬道理。另一方面是要求学科专业的发展具有灵活性，绝不能古板地将发展眼光局限于某一个方向或角度。从实践设计工作方面着眼，也只有遵循了动态性原则，才能保持设计者思想的活力与创造的动力，使设计作品不至于"老套"，能够及时反映出时代发展的前沿性特点。

3. 形式美原则

这项原则是从艺术的层面来看环境艺术设计。作为艺术学的分支学科，它自然不能脱离了对于美的追求。形式美原则是进行设计时的一条定律。它是人类在创造美的形式、美的过程中对美的规律的经验总结和抽象概括。它能够培养人们对形式美的敏感度，指导人们更好地去创造美的事物。虽然内容很概括简短，但是与实践联系之后就会产生极其多样的变化，可以体现在材料、工艺、色彩组合等多个方面。设计要时刻关注这些变化，并且透过变化能够看到内部隐藏的，形式美的指导原则。环境艺术设计中形式美原则的具体内容可以总结为两大部分：

（1）重视形式美的规律

在艺术学上，形式美的规律具有普遍性、必然性与永恒性，有固定的法则与形式。在所有设计艺术中，它处于中心地位，为所有艺术流派提供了美学依据。就现代环境艺术设计而言，需要将形式要素放到关键位置，只有恰当地把握形式美的要素，才能够将复杂多样的设计语言融入形式表现之中。设计师将统一、平衡、节奏、韵律等美学法则结合起来，用创造性的思维方式发现并创造设计语言，这就是我们的终极目标。

①多样统一。多样统一也叫作和谐，是所有艺术形式美中最基本的规律。两者既有对立的一面，也有相互依存的一面，只有同时实现了多样与统一，设计才会达到一种协调的状态。

②节奏与韵律。节奏和韵律，是音乐领域的一个词语。节奏，本来指音乐里音响节拍主次的规律性变化与反复出现。韵律，就是以节奏为基础，并赋予某种情感色彩。就环境艺术设计而言，每一个设计要素中的韵律和节奏，都以体量的大小，空间虚实相间，构件排列疏密有致，长与短、曲与柔、刚与直的交替等等变化来体现。

③尺度与比例。环境的尺度是空间各构成要素相对于某一自然尺度对象而言的，它可以划分为整体和人体两大类型。这两类尺度面对的对象有所不同。在设计中常应用的是夸张尺度，往往将某一个或某一组设计元素放大或缩小，以达到吸引视觉注意力的目的。按一般人体的常规尺寸确定的尺度一般在设计中是不能随意改变的，它与具体设计要素的使用功能联系密切。在环境艺术设计中，人们的空间行为是确定空间尺度的主要依据。功能、审美和环境特点决定设计的尺度。而比例就是研究物体长、宽、高三者之间的关系。只有将尺度与比例统一考虑，才能更好地创造环境空间中的各类元素。

④对比与调和。所谓对比，是指造型要素上的明显区别。所谓调和，就是既要保留差异，又要突出共性。一般来说，对比更在意差异，调和在意统一。如果

没有对比，就会给人一种单调乏味、美感不足的感觉；如果过于重视对比变化，则丧失了协调一致性，在视觉上会产生混乱之感。恰当地使用对比和协调，能使各设计要素互为补充、互相依赖、生动逼真且不失其全。

⑤对称与均衡。在所有艺术设计中，对称和均衡是常见的表现手法。对称是一种规则式均衡，具有对称性的造型要素有着稳定的、凝重而又工整之美。均衡又称平衡，它可不受中轴线或中心点的约束，不存在对称结构，但是重心对称，多指自然式的平衡。设计时的均衡并不等于均等，而要依据设计要素材料、颜色、尺寸、量等等，以评判视觉是否均衡，从而带来了视觉上的协调。

⑥主从与重点。整体环境一般由多个要素构成。不同的要素都具有不同的功能与地位，总有主角与配角之分。若要凸显各个设计要素，就算摆放得井然有序，也不可能构成一个统一协调的总体，反之亦然，会让人摸不着头脑、主次不分。因此，从形式美的规律来看，同时也要重视主从和重点处理。

设计时视觉中心极为重要。人们关注的范围内，必须要有中心点，从而产生主次分明，层次分明的美感。但是视觉中心有且只能有一个，没有视觉中心，会让人觉得过于平淡；视觉中心太多，又会看起来太松散了，环境的统一性会被破坏。

（2）设计要素的综合运用

任何复杂的设计都离不开最基本的形式，即都是由最基本的构成要素点、线、面、体所组成的。

①点。点是构成形态的最小单元，表示空间中的一个位置，是一切形态的基础。设计中点的概念不同于几何学，它有具体的形态，能给人具体的感受。点的位置和组织方式不同，可以产生千变万化的效果。当点处于视野内环境空间的中心时，人们所感受到的环境空间是最为稳定的。当视线发生偏移，或者说当点在视觉中心发生偏移的时候，环境空间因此而生动活泼了起来。单个点可以成为环境空间的视觉中心；两个点的组合可以形成对称与非对称两种效果，也可以看作是产生了一条无形的线，这可以作为环境空间的轴线，抑或是主要或次要的控制线；当空间中存在多个点的排列，就会形成"点阵"，或称之为"点群"（包括"点列"），有序排列的点阵能创造出庄重、稳定的效果。

②线。线是点运动的轨迹，与点一样，在空间中不存在纯粹几何学中的线元

素，但是具象化的线元素是存在的，它具有长度、方向和位置的属性。

不同粗细的线给人以不同的感受：细线是纤细敏锐的，粗线则给人以充实饱满的感觉。不同线型的细线与粗线的搭配可以使空间具有变化和主次感。

空间中线的具体形体可以归纳为直线和曲线。直线给人以向上、稳定、平和的心理感受；曲线是最自由的，它随势而设，给人以优雅、柔美、轻快的感觉。在设计中，通常视具体环境而定，决定直线与曲线的配比与所出现的位置。

③面。在几何学中，面由线运动而成。自然界面的形式很多，包括几何形面和自由形面。几何形的面包括正方形面、平行四边形面、圆形面、三角形面等，可以表达不同的情感。自由形的面是大自然中最普遍的、最为真实的存在。在设计中，各种形式的面都是穿插结合使用，为环境空间的主题服务。

④体。体是面的构成。它与几何学中的点、线、面相比较，不仅仅具有二维的平面属性，还具有深度、方位等三维属性。它的形态有块体、面体和线体，还可以分为几何体和自由体。

4.可持续发展原则

自然系统就是生命的支持系统。自然系统一旦失去稳定性，所有的生物，包括人类都将无法生存。可持续发展是以科学发展观为依据，建立在社会、经济、人口、资源环境相互协调的基础上，实现他们的共同发展。目的在于，既比较符合当代人需要，也不会危害子孙后代的需求。不仅实现发展经济，还必须保护人类生存的大气、淡水和海洋、土地、森林以及其他自然资源与环境，实现子孙后代居住的生活环境的持久发展。相对于动态性原则，可持续发展原则主要关注发展过程、途径和结果。

可持续发展的原则就是，提倡不要为了局部和近期的利益，而牺牲总体和长远的利益，实现自然资源与生态环境、经济、社会并重发展。它以发展为中心，在严格控制人口的前提下，提高人口素质；同时，以保护环境、实现资源永续利用为前提开展开发工作，最终实现社会、经济、文化、资源、环境、生活等各方面和谐"发展"。可持续发展要求，这些方面的各项指标构成的向量变化，应该总体是单调递增的，至少要做到，它的总体变化趋势不能单调递减。"需求"以及对需求的"限制"，是可持续发展的中重要的两个要素。它要实现的战略目标是，让我们生存的社会产生可持续发展的能力，让人类祖祖辈辈能够在地球上生存下去。可持续发展的目标就是，实现人类与环境的和谐相处，可持续地、实实在在地发展下去。

实现可持续发展应遵循以下具体原则：

（1）公平性原则

力求代际公平、同代与未来公平，人与自然公平。

（2）可持续性原则

确保资源的持续利用和生态系统可持续性的保持。

（3）和谐性原则

促进人类之间及人类与自然之间的和谐。

（4）需求性原则

立足于人的需求而发展，强调人的需求是要满足所有人的基本需求，为所有人提供实现美好生活愿望的机会。

（5）高效性原则

实现人类整体发展的综合和总体的高效。

（6）阶跃性原则

随着人类社会不断进步和发展，人的需要内容会越来越多，层次也将不断提高，达到由低级需求向更高层次需求的阶跃性发展。

这些具体原则可以看作是可持续发展的具体要求。我们应该在充分理解的基础上把它们运用到实践设计中去。具体表现就是要运用科学的设计方法，结合自然环境的发展规律，力求把设计对环境的不良影响降至最小，强化环境的生态作用，充分利用可再生能源，努力减少对不可再生资源的过度依赖和消耗。

第二节　环境艺术设计的目的与特点

一、环境艺术设计的特征

（一）观念的特征

环境艺术观念的发展标准，是指要在客观条件基础之上建立协调的自然环境关系，这就决定了环境艺术设计必然要与其他学科交叉互存。不仅要将城市建筑、室内外空间、园林小品等有机结合，而且要形成自然协调的关系。这与从事单纯自我造型艺术不同，在设计中要兼顾整体环境的统一协调，形成一个多层次的有机整体。

在进行整体设计时，相对于环境的功效，艺术家的创作不仅需面对节能与环保、循环调节、多功能、生态美学等一系列问题，同时还要关注美学领域，在进行艺术设计时表现在环境效益方面比较集中。通常情况下，城市环境景观设计在原有景观设计基础之上进行整体规划设计，充分考虑环境综合效益，并将环境和美观集中体现，这就要求设计者具有前瞻性的思考和创新。

目前，西方现代主义思想下的环境设计不把功能及造价的问题放在首位，由于社会经济的积累，在进行环境艺术设计时，"现代主义设计"更多的是考虑个性的表现。换句话说，在充分考虑功能及造价的前提下，在营造环境的过程中，以动态的视点全面地看待个性的作用，把技术与人文、经济、美学、社会、技术与生态融合在一起，因地制宜地处理相互关系，求得最大效益，使环境艺术设计求得最佳，从而形成持久发展。

所以，环境艺术设计中对整体设计观念的把控尤为重要，在设计中不仅放眼城市整体环境，而且还要在设计前展开周密的计划和研究，权衡利弊，科学合理地进行综合设计。

（二）文化特征

文化特征体现了城市居民在文化上的追求，环境艺术是集中表现民族、时代科技与艺术发展水平的表现形式，同时也反映了居民当下的意识形态和价值观的变化，是时代印记的真实写照。

1. 继承发展传统文化

城市总有旧的痕迹留下，因此，在对传统建筑中选址、朝向等涉及风水学意义的部分充分吸收的前提下，更要把握好鲜明的生态实用性。比如，在建筑周围植树木和竹林就可以起到防风的作用，因此，在设计中要考虑人与自然生态协调统一的互存关系。

此外，在环境设计中要结合当地文化背景和当地社会环境，适当融入传统主义设计风格，在进行标新的同时还要继承和体现出国家、民族和当地建筑传统主义风格，从而达到传统与现代主义风格的完美结合。

2. 挖掘体现地域文化

通常，由于乡土建筑是历史空间中经年累月产生的，所以它符合当地气候、文化和象征意义，这不仅是设计者创作灵感的源泉，同时，技术与艺术本身也是创作中充满活力的资源和途径。

此外，这类研究大都有两种趋向，如下所示。

"保守式"趋向：运用地区建筑原有方法，在形式运用上进行扩展。

"意译式"趋向：指在新的技术中引入地区建筑的形式与空间组织。

乡土建筑与环境置身于地域文化之中，受生产生活、社会民俗、审美观念、地域、历史、传统的制约。因此，在研究中应该给予对深厚文化内涵的挖掘和创新。

3. 借鉴西方文化

通常说，西方主义文化发展，是遵循从器物、制度再到文化的发展模式，在不断的发展中，不断深化认识，侧重"器物"，但对整体缺乏关联意识。因此，在向西方学习时，我们要借鉴西方新观念、新技术，感受西方的先进环境文化，解读其人文精神。

4. 体现当代大众文化

目前，环境日益均质化，公众主体意识逐渐觉醒，人们不再期望将自己的个体情感纳入整齐划一的环境中，无个性化甚至非人性化开始萌芽，人们大多开始寻求一种多元价值观，强调创造性。

随着自我意识的觉醒，人们更加注重价值和意义，任何环境设计都是为人服务的。比方说，在某个环境场所下，除了为正常人提供服务外，也应对儿童或残障人群予以关注，如美国在《1990年残疾人法案》的颁布强调了无障碍设计思想理念，将为残疾人提供公共场所和商业场所通行保障，这种设计理念是当代大众文化的重要体现。

此外，对于一个城市、一个地区，甚至一个民族、一个国家文化来说，群体建筑的外环境往往成为一种象征。因此，环境艺术设计对文化地域性、时代性的反映是非常重要的,它包含了很多反映人类文化的印记,如上海外滩、天安门广场、威尼斯圣马可广场、纽约曼哈顿等,这些都是代表民族或国家形象的建筑。

(三)地域性特征

在现代环境艺术设计中,地域性特征是整个环境设计中重要的组成部分,表现有三。

1. 地理地貌

地理地貌是环境中的固定特征之一。每个地区的地理和地貌情况都不尽相同。这些包括水道、丘陵、山脉等在内的宏观地貌特征会随时表现在环境塑造设计中。因此,在环境设计中,地貌差异对敏感的设计师来说有很大的诱惑,在这样的设计中,他的设计构思可以很好地表现出来,在设计中运用生活素材,弥补不利的设计条件。

水在城市设计中是很好的风景,不仅能够起到滋养城市生命的作用,而且还能够保障天然岸线,是一种独特的构想,能够增加自然情趣,强化人工绿化作用,使得景观风景靓丽新颖。不同的城水的形态折射构成了城市的人文风情和城市地标。而且,水在强化城市景观作用的同时,其重要性及其历史地位不言而喻,如果能够拥有具有代表性的河道,那么其重要性完全可以胜过一般的市级街道。但我们应该注意的是,目前许多地方河水的静默与永恒会成为它被忽视的原因,因此,在环境艺术设计中,就更要科学合理地进行设计和运用。

此外,对水的珍视不能限于水面清洁和不受污染,还要重视水面的重要作用,使其成为优化生活的景观。在环境设计中,应首当呵护水面,整理岸线,保护天然地貌特征,不破坏历史遗留或痕迹。

2. 材料地方化

对于古老的建筑历史来说,在设计中往往采取就地取材的方式,早期天然材料就有石料、木材、黄土、竹子、稻草以及冰块等,其丰富程度可想而知。

因此,从现代建筑思想出发,铜材、玻璃、混凝土这些材料在环境设计中往往没有地方差异,甚至完全摆脱了地域性自然特征的痕迹。

由此可见,"现代主义"建筑是同质化形式最集中的建筑表现形式,而当环境艺术设计在人文和个性思想设计中间寻找出路的时候，它带来的或是一种新的建筑主义思想。

在现代环境设计中，人对材质特征的认识，往往表现得更加明确主动，有更强的表现力。比如，在对环境艺术设计中地面的铺装过程中，在充分吸收传统地面铺装模式和材料的基础之上，开发新的设计和加工工艺以及新材料的应用将更加实用化，在使用地方材料基础之上，最大程度考虑当地特征，如苏州园林的卵石地面铺装，不同形式的拼装呈现出不同的环境艺术魅力。

此外，现代的地方化观念还给人们一个启发，就是人们对材料的认识应该有所扩展，应该多元化。配合以精致严谨的加工，借助材质变化去实现设计的有效性，运用同种材料营造不同的加工效果，这些都是很好的方法，具有独特的效果。

3. 环境空间地方化

环境的空间构成比较复杂，尤其是对具有一定历史渊源的城市建筑而言，这些建筑的分布具有一定的稳定性，其所呈现出来的形式表现如下。

第一，当地城市人群的生活和文化习惯。

第二，当地城市地貌情况。即便地貌情况一致，依旧存在差异。

第三，历史的沿革，包括年代的变革与文化渗透等。

第四，人均土地占有量。

此外，对于城市风貌的载体来说，有一些并非完全由建筑样式所决定。如北京胡同、上海里弄、苏州水巷等，在实际的生活之中，人们的实际活动大都发生在建筑之间的空白处，即街道、广场、庭院、植被地、水面等。因此，我们可以把不同地方的城市空间构成做一个相互间的比较，从而看出异地空间构成的区别。

由此可见，在不同的地方，人们使用建筑外的环境，是需要考虑生活行为的需要，不论是空间的排布方式、大小尺度，还是兼容共享和独有专用的喜好，在环境设计中，都应该提出地方化的答案。应该注意的是，虽然这些答案不一定是容纳生活的最佳设计方式，但只要是经过生活习惯的认同，能够在人们的心理上形成一种独有的亲和力，那么就可以看作是成功的设计。

城市环境包含形式和内容两部分，建筑的外部空间是城市的内容，它不是任意偶发、杂乱无序的，而是深刻地反映着人类社会生活的复杂秩序。因此，作为一个环境设计师，在设计的过程中，必须使自己具备准确感知空间特征的能力，训练分析力，判定空间特征与人的行为之间存在的对应关系。

（四）环境与人相适应的特征

环境是人类生存发展的基本空间，人们往往通过亲身实践来感知空间，人体本身就成为感知并衡量空间的天然标准。

环境是作用于主体并对其产生影响的一种外在客观物质，在提供物质与精神需求的同时，也在不断地改造和创建自己的生存环境。可见，环境与人是相互作用、相互适应的，并随着自然与社会的发展处于变化之中。

1. 人对环境

现代环境观念体现在人对环境的"选择"和"包容"中。因此，在从事研究和设计时，要对那些即将消亡但并无碍于生活发展的建筑和设计进行有效的保护，有意识地进行挖掘和研究。每个城市由于其发展的独特性不同，其多样性和个性在一定程度上更加彰显各自的生命力。

因此，在城市建设中，要避免出现导致环境僵化和泯灭的设计，为了保全城市特色，甚至可以在城市风格上进行创新思维。所以，在进行环境艺术设计过程中，要在保全原有特色基础之上，并在不破坏环境的前提下，充分发挥创造力，使其达到高度融合。

2. 环境对人

在《人类动机理论》一书中，马斯洛提出了"需要等级"，将人的需求分生理需要、安全需要、社交需要、自尊需要、自我实现需要五大需要。

由于时期和环境的不同造成人们对需求的强烈程度会有所不同，在环境艺术设计中，五种需求往往与室内外空间环境密切相关，对应关系如下。

第一，空间环境的微气候条件——生理需求。

第二，设施安全、可识别性等——安全需求。

第三，空间环境的公共性——社交需求。

第四，空间的层次性——自尊需求。

第五，环境的文化品位、艺术特色和公众参与——自我实现需求。

通过以上比对可以发现，在环境空间设计中，优先满足低层次需求是保证高层次需求运行的基础。

（五）生态特征

当今社会，由于工业化进程的逐渐加快，人们的生活发生了翻天覆地的变化。同时，工业化城市进程的加快也造成了自然资源和环境的衰竭。气候变暖、能源枯竭、垃圾遍地等负面环境因素的影响，成为城市发展中不可回避的话题。

因此，在对城市进行环境艺术设计过程中，就必须将经济效益与环境污染综合考量，避免以牺牲环境为代价来发展经济，是每个环境艺术设计工作者共同面对的话题。

人类发展与自然环境相互依存，城市是人类在群居发展过程中文明的产物，人们更多地将自身规范在自然环境以外，而随着人类对于自然认识的逐渐加深以及对于回归自然的渴求，更大限度地接近自然成为近年来环境艺术设计的热门话题。

自然景观设计之于人，其主要功能表现在以下几方面：

1. 生态功能

主要针对绿色植物和水体而言，能够起到净化空气、调节气温湿度，降低环境噪声等功能。

2. 心理功能

日益受到重视，自然生态景观设计能够平和心态、缓解压力、放松心情、平静中享受安详、驱烦去躁。

3. 美学功能

使人获得美的享受与体会，往往能够成为人们的审美对象。

4. 建造功能

提高环境的视觉质量，起到空间的限定和相互联系的作用。

我们可以以办公室设计为例，在办公空间的设计中，景观办公室成为流行的设计风格，它改变以往现代空间主义设计，最大程度回归自然，在紧张烦琐的工作之余尽享人性和人文主义关怀，从而达到最佳的工作效率和创造良好和谐的工作氛围。

此外，以多种表现手法进行室内共享空间景观设计，主要表现如下。

第一，共享空间就是将光线和绿化等自然要素，通过一定设计手段引入到室内，给人提供室内自然环境，让人与自然有最大程度的接触。

第二，具有生态特征的环境设计应是一个渐进的过程，每一次设计都应该为下一次发展留有余地，遵守"后继者原则"。承认和尊重城市环境空间的生长、发展、完善过程，并以此来进行规划设计。

因此，在设计过程中，每一个设计师既要展望未来，又要尊重历史，以保证每一个单体与总体在时间和空间上的连续性，并在此基础上建立和谐对话关系。从整体考虑，做阶段性分析，在环境的变化中寻求机会，强调环境设计是一个连续动态的渐进过程。

第三，在施工中使用的一些材料和设备（比如涂料，油漆以及空调），多多少少都会散发出有害物质，污染着我们的环境。因此，在现代技术下研发对任何环境无害的绿色建筑材料迫在眉睫。只有绿色建材得到广泛发展并逐渐替代传统建材成为市场主流，环境质量才有可能得到改善，生活品质才有可能得到提升。绿色建材为人类提供了洁净，幽雅的环境艺术空间以保障人类健康安全的生活，从而实现了经济、社会和环境效益的高度统一。

二、环境艺术设计的目的

艺术设计的首要目的是通过设计室内外空间环境为人服务，始终把使用和精神两方面的功能放在首位，以满足人和人际活动的需要为设计核心，综合地解决使用功能、经济效益、舒适美观、艺术追求。

（一）创造宜人的生态环境

从地球形成开始，所有生命逐渐形成一个相互作用的平衡网络。这个生物圈包括我们的整个生存环境。因此，宜人、自然的生态环境是人类居住环境的首选。

（二）提供优质活动空间

大部分人都有锻炼的习惯，如果人们能在环境优美的绿地、广场、湖边等空间中运动、锻炼，既可大大地节约时间，还能让人们保持健康的体魄和充沛的精力。

（三）美化环境，陶冶情操

自然的、合理的、宜人的、艺术的环境景观氛围陶冶着人们的情操，让人们有越来越多的机会走进大自然、亲近大自然，用心聆听自然的声音，用心感受文化传递的内涵。

（四）绿化环境，调节气候

环境空气的好坏直接关系到人们的生命健康。合理的植物配置可以调节环境的小气候，让人们更愿意走进大自然、亲近大自然，呼吸清新的空气，养心润肺。

第三节　环境艺术设计的发展

一、环境艺术的发展历史

随着社会发展，环境艺术设计已经从社会生活中分化出来，然而人类社会生活仍然是环境艺术设计诞生的母体和根植的土壤。不同时期的环境艺术设计，不管是表达什么内容，或者为了与内容适应采取什么形式，皆源于当时的社会生活。环境艺术设计在不同时期有不同的特征，即便是同一时期，地域不同艺术设计亦有所不同。环境艺术设计在发展过程中受到经济、政治、文化和科学等多种因素的影响，它是艺术的分支，同时也属于上层建筑意识形态范畴。一方面，经济基础制约着它的发展；另一方面，它反过来作用于经济基础，促进经济基础变化和发展。就政治文化而言，环境艺术设计应顺应主流政治文化，演化出适合其发展的样式。与此同时，环境艺术设计同科学之间也有着非常密切的联系。环境艺术设计和科学之间有着鲜明的区分，环境艺术设计追求的是美的境界，是一种艺术行为，以满足人们的精神审美需求为目标；科学所寻求的是真理，它所揭示的是事物普遍的发展规律。一个重视感性思维，一个重视理性思维。柏拉图说过：

"美——这是真理的光芒。"① 康德也说过："美是花朵，而科学是果实。"②

（一）原始社会的环境艺术设计

环境艺术设计活动是为人类生活服务的，所以，环境艺术设计起源和人类的起源两者是密切相关的。三百万年以前，猿人完成了独立行走，借助石块、木头等工具从事劳动，然后根据自身生产活动的需要，对自然物进行改造。比如，进行打磨制造石器、将木棍削尖、制作弹弓和其他形式的工具制造。寻找洞穴居住，为了得到更多猎物，还在石壁上刻画各式各样的图案。这种行为便是最早的环境艺术设计活动。这一时期，人类的生产力水平十分低下，一些行为活动也不过是动物性的本能活动。

这一时期，环境艺术设计直接融入了原始人类生活。马克思、恩格斯说过："思想、观念、意识的生产最初是直接与人们的物质活动，与人们的物质交往，与现实生活的语言交织在一起的。"③生产劳动是人类最基本的实践活动，环境艺术设计在生产劳动中逐渐发展起来。人类在改造自然过程中，如用茅草树枝搭建房子、在石壁绘画、制作陶器等，充分发挥了人类的创造力，按照一定的审美规律进行改造活动，这里面蕴含着艺术因素，所以将其看作最早的环境艺术设计。

（二）农业社会的环境艺术设计

农业社会的发展历史十分悠久，人类从原始社会到农业社会的转变过程中，剩余物质资料的分配出现不均衡现象，阶级由此而产生。在阶级社会，不同阶层的人生活截然不同。统治阶级生活奢侈，劳动人民大多生活在贫困之中。统治阶级为了巩固自己的统治，极力宣扬推行宗教信仰。在环境艺术设计中，这一切都表现得非常明显。贵族所追求的是金碧辉煌的外观，劳动人民所追求的是简单的形态，而宗教则偏爱高大威严的建筑形式。

随着生产力的进步，社会在政治、经济和文化方面均有很大发展，人类改造自然的能力越来越强，社会进程中，人类多次对自然进行大规模的改造，并取得了巨大的成功。

① 陈媛媛.环境艺术设计原理与技法研究[M].长春：吉林美术出版社，2018.
② 张晓辉.环境设计专业教学改革与实践性创新人才培养的探究[M].成都：电子科技大学出版社，2017.
③ 隋秀英.新媒体时代马克思主义大众化传播研究[M].大连：辽宁师范大学出版社，2016.

但是，因为地域差异，人类文明发展也有差异，不同地区的政治、经济、文化之间进行着程度不同的融合和撞击。一些文明悄悄灭绝，一些文明被同化，只剩下少数文明得以发扬光大。于是，环境艺术设计中很多艺术形式在历史的洪流中不过是昙花一现。

在农业社会阶段，环境艺术设计得到了长足发展，但因为那个时代的某些因素，环境艺术设计中理论成果很少。

（三）工业社会的环境艺术设计

人类进入到工业社会之后，经济和科技得到了极其迅速的发展。这样的背景下，环境艺术设计也呈现出多元化发展态势。工业社会时期，最早是欧美国家，发生过一系列设计运动，如工业美术运动、新艺术运动、青年风格运动、分离派运动等，试图走出工业化道路。代表工业时代的现代意义风格的环境艺术设计开始兴起。

现代风格环境艺术设计应运而生，在风格方面，它是工业化发展的结果。在意识形态方面，就是欧洲一些知识分子社会工程思想的产物。现代主义风格的环境艺术设计，具有大众化、社会化的特点，它是为普通大众服务的，因此所选择的材料具有低造价、批量生产、简洁的特点。到了20世纪30年代，现代主义环境艺术设计在欧洲被封杀，从而得以发展到美国。但是，因为美国与欧洲的经济发展水平、社会文化等有一定的差异，欧洲的现代主义思想在美国的土地上发生了质的变化，丢掉了原来的社会工程特色，发展成一种商业形式，与此同时，它又渐渐成为资本主义企业发展的标志，成为商业化的、批量生产，成本适中或者偏高、利用工业材料以及采用现代构造的形式，在西方和国际社会建筑的发展中独占鳌头50多年。当国际主义风格发展时，为打破国际建筑的刻板单一，出现了不同派别的修正主义，如典雅主义、粗野主义、有机功能主义、"高科技派"风格等。

20世纪60年代以来，西方的一些青年设计师并不满足于国际主义风格的垄断，提出了重新使用历史上的建筑符号，结合美国的通俗文化，重塑现代主义环境艺术设计，这就是所谓的后现代主义运动。代表人物有美国的建筑家、理论家罗博特斯坦。

20世纪80年代以来，后现代主义环境艺术设计，就其狭义风格而言，开始走向衰落。解构主义、新现代主义受到设计界越来越多的重视。

（四）信息化时代的环境艺术设计

第三次工业革命的到来，使得人类社会发展到了信息时代，这一时代也被称作后工业社会。"后工业"通常指的是"信息化"或者称为"知识"化社会。根据这一词汇使用的历史，我们认为，它是各种不用的"信息"或是"知识"概念的总称。包括各式各样的和工业社会相关的属性的预想，阿瑟潘迪在《旧世界的创新：后工业状况研究》一书中，就曾用过这个概念。20世纪60年代之后，随着计算机软硬件、光电以及生命科技的发展，后现代的概念逐渐在新事物的发展中越来越深入人心，并形成新的社会组合规则，人们将其叫作后现代社会。后现代社会是一个信息化、数字化、服务型社会，它的到来使得原来社会形态发生了变化，也就是说"非物质社会"已经来临。社会深刻的变化，不仅仅是对科学技术领域的冲击，也波及哲学与认识领域。使人类生活方式也发生了变化，冲击着社会成员最初的价值和认知体系。社会出现了空前的场面，使我们有必要对任何传统的东西产生疑问，"否定一切"成为一种无可厚非的思想，就连"时间""空间""距离"的概念都发生了变化。人就在这样一个交叉、融合、混乱的后现代社会里，开拓了一个空前广阔的天地。毫无疑问，"后现代"还开启了审美设计的新思路，体现着后现代社会中人们不断成长的心理以及精神需求，这是设计美学方面的一次深刻转型。在这个"重建"的世界里，环境艺术设计有什么改变呢？自1990年之后，国际环境艺术设计中，内容和风格有日益雷同的之势。从设计经济的角度来看，美国仍遥遥领先于其他国家，其次是欧洲和日本，同样拥有较强的实力。一些发展中国家，在经济高速发展的同时，设计的发展也逐渐步入了高潮阶段。国际建筑的发展是处于现代主义基础上，以多种改良方式进行。新现代主义，一些后现代主义形式、"高科技"学派、环境学派等，在一定程度上得到了发展与进步，设计的发展出现以现代主义为起点，重新回到现代主义的方式与过程。

二、环境艺术的未来趋势

（一）思想层面

1. 可持续发展的生态观

1980 年开始，经济的发展促使大批的农村人口涌入城市居住，与此同时环境艺术的概念也被引入到我国。这给我国环境艺术的发展带来绝佳的契机。但是，人类正面临着由于发展过快而给生存环境带来的破坏，甚至是毁灭，让我国环境艺术设计受到严峻的考验。经济迅速发展的同时，也带来了大量资源的浪费和环境污染等问题，引发了全球性的忧虑。面对后工业化时代资源枯竭，发展中国家被当作世界工厂，成为环境污染之源。为此，国家提出树立科学发展观，建设资源节约型、环境友好型社会等发展策略。

面对环境恶化和资源减少的问题，环境艺术设计应考虑如何针对这些问题形成相应的设计理念与举措。环境艺术设计就在于艺术地协调空间功能，并非必须要创造出凌驾于周围环境之上的人工自然物，它的设计元素不仅要满足人实际功能需求，也要契合人的审美需求，要注重环境对于人们情绪的调节和控制作用，让环境发挥出陶冶性情的作用。

对于设计而言，可持续发展并非是单纯地用环保材料取代传统材料，也不是简单模仿自然，而是要改变设计思维，要改善生存环境，有计划、有步骤地可持续地开发环境。在进行环境艺术设计时，一定要兼顾生态与经济的要素，合理地选择材料、构造和工艺，以便使用时能够尽量减少能耗，不会造成环境污染，并易于拆卸与回收，即实现少量化、再利用以及能源再生。

在做环境艺术设计的过程中，尽可能地将设计简单化，避免太过复杂的设计增加对资源的消耗量，从而提高资源的利用率。简化设计并非简单设计，两者不能好混为一谈，简化设计既要追求审美，又要节约资源，同时实现使用功能。所以，简单设计日益成为评价环境艺术设计作品的一个重要尺度。

要进一步加大新材料研制和应用力度，除对传统材料与工艺进行环保改造外，还要强化对空中水资源、太阳能与风能的合理开发以及利用。就环境艺术设计而言，应将持续发展观渗透到整个设计过程中，对计划进行前期策划，计划确定，建设、竣工投入使用，乃至停用回收工艺，都有一个完整的设计构思。从全过程各个环节来看，要以环保节能为理念，正确处理人工环境和自然环境之间的关系。

生态设计观的内涵是，把生态学的原理贯穿于整个人类活动范畴，以人类与自然和谐发展的眼光来考虑和理解问题，基于社会、自然的特定可能，对人类与自然之间关系做到最优化处理。生态设计观应该遵循无害化、无污染、可循环等设计原则。

工业文明下建设的人类环境，是以牺牲自然环境和资源为代价的。在过去几十年中，人居环境不断退化、资源匮乏，环境污染事件频频出现，不能不令人深思。如果文明的发展要依靠掠夺和征服自然来实现，必然会带来环境污染，出现生态危机。所以，我们需要借助现代科技手段对自然和资源进行保护，同时也要突破技术的限制，将保护环境与实现生态文明置于文明转型、价值重塑背景下考虑。站在世界观、价值观的高度，为环境保护找到一个新支点。

2. 突出地域特色

在国际化市场和经济的共同作用下，先进形式和技术的借鉴使环境艺术的主流呈现风格趋同的特点。城市面貌的模糊、趋同，产生城市形象的"特色危机"，人们内心渴望拥有自己认同的城市特色。由于人类有从历史文化中追根求源的天性，在业内运用环境艺术整体的、文脉的、个性的设计宗旨来建设城市，以加强城市自信心和凝聚力的呼声越来越高。这也正是环境艺术在思想深度上继续探索的发展道路。生产力发达、文明先进国家的城市建设更是注重这方面的努力。拥有特色优美的城市景观、城市环境设计，建立一套管理完善的制度，尤其加强对古城的维护是这些城市建设的重点。

建筑的地域特色，又可称为地区特色，指某一地区大部分建筑风格的准则和整体特征，是这一地区建筑所特有的，也是其他地区没有的。作为建筑思潮，其中蕴含着多种价值观念，审美取向和趋势也各不相同，他们的共同之处在于提倡建筑上要有地域特色，并且积极主动地运用多种技法来表现建筑中所蕴含的地域特色。有关地域特色的保护问题在设计领域始终是敏感话题。在这些敏感话题中，共性理解为地域性，指建造活动中各种因素对地域的依存及相应关系；地域性更多地源自人类的文化自觉，而不只是依存在物质的要素上；地域性作为设计的基本性质之一，建筑要从内到外展现更加本质的东西，更为固有的地域性特点。

建筑设计师对地域特色的追求，开始用理性的眼光来审视，注重建筑与其所处区域之间的地域性联系，有意识地追求环境艺术同地域自然环境艺术与技术层面的融合。

3. 人文设计观

文化是社会历史发展到一定阶段上，人类创造出来的一种物质与精神财富，尤指精神财富之总称。地域性、民族性、历史性是文化所具有的三个特点，文化又可视为人的心理与审美需要。不同的历史时期，有着不一样的审美需要，人类的居住环境需要有符合自身审美的精神内涵以及文化特色，也就是环境中要有人文因素。工业文明带来了现代设计，让世界环境日益雷同，文化日益趋向相同。人们通过不断的思辨，经受着后现代主义众多思潮和流派的影响与洗礼，思维渐趋清晰，从传统上寻找本地和地域设计元素之路，受到了更多设计师的追捧。

今天，我国传统优秀文化中的书法、文学、剪纸、戏剧、脸谱等艺术形式被重新挖掘出来，并通过一定形式的创新产生了很多被认可的优秀作品。除了这些符号表象之外，我国优秀传统文化中的思想观念也被后人重新认识，例如"天人合一"的朴素哲学观、"物我一体"的自然观、"阴阳有序"的环境观等等。人们学习古代圣人的思想，并结合现在的特点和需要，寻找更多解决环境危机的方法。

在全球一体化的冲击下，我们的文明与外来文明，现代文化与传统文化无时无刻不在发生着冲突。面对这种情况，到底是继承传统，还是吸纳西方文明，我们曾经有许多纠结和妥协，对其他文明有过形式、符号的吸收，甚至将其文化拿来移植和嫁接到我们的文化之上。实际上，一种文明唯有永葆本土文化的主体性，在开放、包容的心态中吸收外来文化，才能够将其变成我们现在和未来发展进步适用的那一部分，变成自我文化肌体中的有机营养。

一个民族，若没有自己独特的文化体系，它也终将会走向灭亡。当今时代，我们必须要努力汲取优秀传统文化，在此基础上，还要积极使用最新科技成果，在设计中借助两者的力量，解决目前所面临的环境污染问题以及生存危机。环境艺术设计未来的发展，必将是和谐、节约和生态化的。

历史和文化的延续，还需要后人的继承和努力。但是也应该看到，现代同以往有着不一样的生产环境，面临着不同的危机，所以我们还应该创造新的文化来应对，否则可能会导致发展的衰退。必须将地域特色、传统文化、现代科技三者结合起来，形成现代化的社会意识，才可以重新塑造民族文化，提升科技技术水平和文化形象，达到解决人类面临的危机的目的。

4. 时代精神的表达

所谓时代精神的表达，指的是把建筑的时代精神作为建筑设计的追求目标，借助于新材料、新技术、新手法、新观念、新风格，有意识地表达环境的时代特征。环境艺术中的时代精神是倡导人性、个性的解放，用开放的环境设计理念来反映城市的宽容性、功能叠合性、结构的开敞与灵活性，达到和谐的目标。

人们无法跳出时代的潮流和思想。建筑风格随着时代的发展渐进而演变并将各具特色。建筑师的活动在时代发展中继承和革新。时代精神内涵的显著特征是多元化、多维度的价值观并存。中国建筑时代精神的内涵是把多元文化兼收并蓄，作为环境艺术设计创作的价值取向，这种取向作为一种方法，把不同的风格流派、手法样式作为创作的手段，简洁的、高科技的、后现代的、生态的，都反映了各自侧重的解决途径。环境艺术设计时代精神的多面性，共同奏响其在未来发展的主旋律。

时代精神的外在表现是我们在未来设计中主动迎合时代并引导时代的态度，以及对人的各类行为的研究和需求的挖掘。随着环境理论向多元化、模糊性、象征性发展，时代性的设计注重人的心理感受和对心理的影响。

（二）实践层面

1. 多方利益团体协作化

虽然目前环境艺术设计是以城市规划为引导、建筑行业牵头的业态形式存在的，但环境艺术设计在实践中越来越表现出在解决各方矛盾关系运作协调上的综合优势。

设计学科不是阳春白雪的孤芳自赏，而是和社会、生活、生产、经济发生联系的应用型学科。作为国民经济的重要组成部分，其不仅为城市居民改善了生活品质服务，还改善了城市面貌，为城市发展提供新的机会。

社会发展的开放性特征使环境艺术设计实践中介入了多个利益团体，他们的并存使得这一领域热闹而纷杂：政府向往着建设更美、更舒适、更便捷的城市，开发商追求着最大的资本剩余价值，施工方要权衡技术支出与成本，群众则期待着高质量的生活环境。设计师周旋于各种团体之间，做着不同价值的取舍。不同机构对于城市开发通常有不同的理解。调控的重点是公共和私人机构的平衡，这引发私人机构行为控制或控制力度的思考，继而引发出对环境艺术设计的目标问题：为谁的利益服务？是私人利益的最大化，还是公共整体利益？事实上，每一个机构都需要依靠其他机构来实现目标，他们的作用应该是互补的，而不是敌对的。从设计内部运行规律来看，它的发展趋势多为利益团体共同合作。从外部的市场需求来看，这也是信息社会不可回避的主流。不同职能部门和机构差异如表1-3-1所示。

表1-3-1 不同职能部门和机构差异

公共部门的目标	私人机构的目标
增强税收基础的开发	丰厚的投资回报，同时考虑承担的风险和资金的流动性
在它的管辖区域内增加长期投资机会	（利润空白点）
改善现有环境，或者创造一个新的优质环境	任何时候、任何地方产生的投资机会
能创造和提供地方工作机会，产生社会效益的开发	支持某种开发的环境，一旦进行投资，环境因素不会降低它的资产价值
寻找机会以支持公共机构服务	基于地方购买和市场成熟度的投资决策
满足地方需求的开发	关注成本以及提供开发资金的可能性

不同职能部门和机构的价值取向与运转模式不同说明了环境艺术设计的多面性、多维性。在未来，它更需要各综合权衡方为共同统一的目标配合、协作，而不只是设计师单方面的努力。

2. 技术更新科技化

专业的互补与交叉主要体现在艺术性和技术性的界限越来越模糊。环境艺术设计内在的功能要求和外在的形态变化也让设计师与工程师之间的配合、交流更加频繁。

环境艺术在各个领域都在呼吁技术的更新和应用：室内领域在推广系统信息化，将人的一切活动所需的最佳状态数据化；建筑领域在实施智能化管理，零浪费的资源可循环设计；景观设计也在借助高科技遥感预测景观，甚至能帮助我们计算景观的美学价值（景观美感数量化）；等等。技术确实给人们带来了许多便利，并且在将来，人们仿佛要更多地依靠科技进步来解决设计和生活中的诸多问题。

我国的建筑发展实践证明，设计主流建筑文化在技术观念方面的变革，依赖于科学技术生产力。但同时也依赖于对设计风格、形态的进一步认识，明白技术的含义并不是给设计对象戴上高科技的帽子，也不是无缘无故地追加设计成本，而是带着对设计对象的认识和相关条件的综合分析所采用的最为得体的技术手段。人类不是技术的奴隶，而是能动的主宰技术的主体，设计结果并不是一味地追加着技术含量而忽略设计本身的价值。

另外，各种代表新技术生产力的产品、材料越来越快地更替，各种新产品的发布、宣传和交流展示成为设计师必须了解的行业内的前沿信息。

3. 以人为本设计人性化

在环境艺术设计中，包括视觉服务性、实用服务性两个关键元素。在设计过程中必须要考虑到这两种性质不同的要求。视觉的服务性是设计的目的，实用的服务性是设计的最终目的。

要清醒地看到，在环境艺术中，人类是终极享受者，环境艺术设计实际上是为人类本身服务的。所以说，环境艺术设计中，设计师要广泛理解公众对环境艺术的要求和呼声，创造合乎人们生理和心理的东西、满足物质和精神需要的艺术作品。随着社会的发展与进步，现代的环境艺术设计已经不再仅仅停留在满足于对生活的改善和提高之上了。这种设计发展趋势，也正是代表了人类对环境艺术设计的一种进步，还代表了人类对"以人为本"的关注，结合视觉艺术美感，使人感到环境服务更加人性化。

4. 质量监督制度化

设计事务是一个由理想的蓝图转化为现实世界的过程，好的设计最终需要质量的保障，好的施工是设计终端的保证。目前，大量设计机构的涌现，设计图纸与施工效果的差异现象较为普遍，确保设计意图的正确实施成为未来必须解决的问题，也是未来面向国际市场开放所必须面临的挑战。

（三）教育层面

1. 专业分类细化

随着社会生产力和人们生活水平的提高与商业运作的介入，市场分工的不断细化，导致每一个环境艺术设计的专业指向更为细腻，人才定位也更加明确。

环境艺术设计是边缘性、综合性很强的学科，从目前看来，入行门槛很低使它容易被更广泛的人群接受。但是，入行并不代表具备了专门性。成功的设计师，只有在某一更能发挥其才能与兴趣的领域中不断提高，才能谋得在同类行业中的地位。

环境艺术设计领域的分类细化是显而易见的。而室内设计中有专门做酒店、办公或家居的专业设计公司，做室内住宅空间设计的事务所甚至细化到专门从事做室内的装饰陈设设计，酒店设计公司更将设计做成集前期市场调研、中期案头工作、后期用户回馈一系列的专业服务。此外，与经济发展密切相关的独立的研究体系，如随着会展经济的发展而兴起的展示设计等。

环境艺术设计的分工还渗透到各个行业之间，形成互为合作的伙伴关系。例如在景观设计中，屋顶绿化就是与园艺造景联系非常密切的行业。某个设计集团要想在行业生存，也必须具备在某个领域中突出的专门性特征来赢得客户的信任。事实证明，越是注重专门性的设计集团或个人，越能迅速地脱颖而出。

为顺应这样的时代和专业要求，设计教育作为行业领域的带头人，必须具备前瞻性的眼光，作出有预见性的准备。因此，现在各高校的环境艺术设计专业都在一步步地分析并细化专业发展的方向。大部分院校都侧重于室内、室外两个专业方向，有的也把展示设计单列为一个专业方向。目的都是一个，就是从更为宏观、系统的角度加强专门性。

2. 培养复合型人才

随着社会的不断进步，需要越来越多的复合型人才。培养复合型人才，是经济时代市场对高等教育提出的要求，是我国教育改革的重要内容，同时也是高等学校的人才培养目标。所谓复合型人才，指的是知识结构更全面，实践能力更强，更能适应社会工作要求的人才。他们既对本专业知识掌握扎实，同时，对于本专业相关联的学科知识也有比较深入的了解，能够做到知识之间的融合贯通，具有一专多能的特点。

对于环境艺术设计专业来说，怎么来培养符合新时代需求的复合型人才，成为目前环境艺术设计专业迫在眉睫的事情。环境艺术，是一项庞大而系统的工程，就是从微观到宏观方面，对人类生存环境做出系统性设计。从人才培养角度来分析，环境艺术设计专业复合型人才的培养，首先要具备本学科的专业知识和基本技能，并能运用自如，还必须具备有关人文社会及其他学科知识。设计既非纯粹的艺术，更谈不上纯粹的"技术"了，但它又是一门多门学科高度融合的综合型学科，是紧跟社会进步而发展起来的"前沿艺术"。它需要综合运用各种专业知识，并具有创新精神和实践能力。21世纪，设计人才需要设计，既要有广博的知识面，文化功底深厚，修养良好，不断创新思维意识，还必须具备对新事物的敏锐性、超前感知能力。从能力表现来看，已经不是纯专业性了，但却具有强烈的"社会性"，这种"社会性"，首先体现为设计人才同社会交流，合作的能力。

如今的设计环境中，设计并非是个体理念的体现，群体合作是现代艺术设计必然的走向。和其他人一起工作，和顾客交流，这是设计师必备的素质，除此之外，还要拥有良好的组织协调能力，任何成功的设计师，首先是一个成功的合作者。如果想要自己的设计创意思想落到实处，除凭借扎实的专业知识外，同时也要具备很强的社交能力，如语言表达、销售技能，以及良好的团队协作精神。另一方面，进入到21世纪，新技术、新设计理念不断涌现，这就要求设计师不能安于现状，必须不断更新学习新知识。新技能，时刻保持很强的求知欲和创新精神，了解和掌握新技术、新材料、新工艺，并将其运用到设计中，这样才能够紧跟时代的步伐。

总而言之，21世纪需要具有不同知识结构和实践能力的人才。对这类人才的要求，要把比较广博的基础知识与高深的专业知识有机地统一起来；就能力而言，它应是理论研究能力与实践能力相统一；就意志品质而言，要做到创新精神与求实态度相统一。

3. 与实践相结合

环境艺术设计的特征之一就是其实践性与创新性，一定要经过工程实践，把思想"物化"成现实，只有联系实际，才有可能找到教学内容的不足，并做出修改。所以 21 世纪设计教育将更加注重和实践密切结合。

设计结合实践可以从这几个方面来加强：

第一，教学中动手能力的培养，这是实践的第一个门槛；

第二，教学中通过工作室制度，把老师或从业设计师的设计事务引到教学中，使学生能够效仿或跟踪设计任务，从而得到真实的设计体会；

第三，设置有针对性的专业实践课，或直接参与实际课题的研究，培养学生独立思考的能力，使其能够独立获取知识；发展学生创造能力、竞争意识与团队协作观念等；培养社会实践与适应能力，并具有其特色定位，才能拥有更加长久的生命力，也只有这样，才能在激烈竞争的产业发展中占据较好的地位；

第四，训练在社会事务中的实际操作能力，这样的训练是在社会实践中完成的，有教育方联系地方合作机构的形式，也有学生作为独立的个体直接参与到设计机构中，随机得到最实际的从业感受。

无论怎样的实践形式，实践是理论的后续，是学生必须经历的成长过程，也是社会赋予教育的最现实的使命。所以，很多高校意识到并重视实践的重要性，认为在实践中能解决诸多设计的认识问题。因此，工作室制度、导师制度、课题制度纷纷引入到设计的教学方式中，必定引领 21 世纪设计教育走向生机勃勃的局面。

4. 加强内外交流

21 世纪国际的对话与合作成为设计行业发展的背景与方向。由于设计学科在中国真正地发展是在改革开放以后，因此许多领域还处于探索和学习借鉴的阶段。随着与经济社会的联系日趋紧密，国内的设计机构和从业人员增多，内外两方面都急需交流合作的平台。

同时，中国教育领域的开放和强大的生源，也吸引着境外的设计院校积极扩大交流。不同观念的碰撞有利于办学经验、设计思维的活跃。中国良好的开放心态、求知的迫切愿望使这种教学交流渗透到各个层面：讲座交流，相互邀请专家、学者进行访问；课题互换，由不同教师指导学生完成共同的课题项目，达到活跃教学思维的目的；引进课程，由相关专家带专题进入讲台或当地办学机构，学习并延续其思想和课题；等等。

　　交流的方式和深度多种多样，但所有师生都有一个共识：设计不能是死水一潭，应该大胆地走出去、引进来，环境艺术设计教育必将走向更为开放、活跃的未来。

第二章 环节艺术设计审美

环境艺术设计是建立在科学技术和艺术相结合的设计层面。环境艺术设计审美将美学的核心放到人类环境设计活动中，用美的观念指导环境艺术设计的过程，把一切与人和环境相关联的内容囊括于视野之内，以解释环境设计与审美需求之间的内在关系，主导现代设计美学在环境空间设计体系中的作用。本章介绍了环节艺术设计审美，分别从环境艺术设计审美的基础知识、环境艺术设计的形式美、环境艺术设计的空间美以及环境艺术设计的生态美四个方面进行阐述。

第一节 环境艺术设计审美的基础知识

一、审美观念

环境设计中的审美观念，指的是站在环境的视角，并考虑人、环境和设计的统一协调来对设计进行美学思考。

自19世纪末20世纪初新艺术运动开始以来，现代设计涵盖了许多方面，如建筑设计、工业设计、装饰设计、环境设计等。这场运动正是传统审美观和工业发展过程中反映出来的全新审美观念互相冲突的结果。受到那个时代抽象绘画艺术的影响，对传统和固有形式进行否定，鼓吹非理性主义和世界主义，反映在设计上，从造型到元素都追求简约之美，用大界面、大色块、大曲面取代了以往那些繁琐的精细装饰。这些全新的美学观念，还体现在当时环境艺术设计方面，创造出很多新型园林形式以及舒适宜人的室内空间装饰。

形式和功能的审美价值是整个20世纪环境设计领域审美的主流。到了20世纪后半期，又产生了许多其他的价值观，生态价值取向就是其中之一。生态价值取向注重人类和自然之间的关系，人与自然和谐共生就是美。所以，将人类活动过的地方，即便是长满杂草的废弃地里，废渣和旧设备都可以看作环境设计的要素。实现艺术大众化、生活化审美价值导向，把日常生活中的实物看作是艺术的材料，完全摒弃经典与权威。后现代主义注重对历史传统的汲取，使历史得以复苏。在后现代队伍中，对待历史也是不尽相同，存在着后现代主义的拼贴，也有类型学、结构主义的抽取，还有解构主义的"消解"情况。在现代主义的单一、国际化的审美文化面前，文化价值的多元化，开始强调地域文脉的设计，使得历史和地域各不相同、风格迥异的文化可以获得共生和弘扬。

二、审美途径

（一）审美感知

审美感知是具有审美感受力的感觉、知觉。英国美学家夏夫兹博里和哈奇生认为审美感知不是视、听感官，而是一种超视听的、高级的接受观念的能力，是人生而具有的"内在的眼睛"或"内在感官"，即人的心灵。在法国哲学家狄德罗看来，并不是所有的感官都能察觉到美，只有视觉、听觉才能感知到对象之美。德国哲学家黑格尔认为，艺术中的感性的东西仅仅是关于视觉、听觉的感受。同时，对气味的嗅闻、触觉也是一种间接审美感官，在一定条件下能够在审美整体上协同发挥作用。在审美感官的作用上，英国经验主义美学认为审美感官的感觉功能决定着美感的有无、强弱和性质，美感是感官直觉对象产生的生理、心理的快感。理性主义美学则认为感官只能感知到事物的其他特征，不能感受到事物的美，只有心灵、理性才能把握美。这些对审美感官的不同见解反映了对美的本质，即美感源泉、性质的不同认识。

环境美学的感知评价主体是以环境和环境的物质呈现为载体。审美的感知能力，主要是在后天长期审美实践、学习、训练中形成的心理功能，具有特定的社会历史内容，它是生理与心理、遗传性与后天获得性、自然性与社会性的统一体。不同时代从事不同审美实践的人，具有不同审美心理结构、审美经验，其审美感官的敏感性、感受力、判断力各不相同。

（二）审美心理

审美作为一种情感梳理与价值判断活动，涉及一系列复杂的心理活动。18 世纪英国经验派美学开创了从心理学角度研究审美现象的路径。审美心理是人对客观对象美的主观反映，是审美主体在审美活动中表现出的特殊心理，包括人的审美感知、情感、想象、理解等。人的审美心理产生于人类的生产和社会生活实践，审美观对审美心理起着导向作用。它是在人的日常心理活动的基础上，逐渐发展形成的。

情感是美感心理形式中最突出的一种因素，是指人对客观存在的美的体验和态度，往往作为审美与艺术的象征和内涵特质。"美感"就是引导我们更好生存的一种"情感"，情感与美学是紧密融合、不可分离的。情感赋予了美更加深刻的内涵，美的存在不仅限于形式上的视觉冲击，更多的是心理、精神上的慰藉。

（三）审美体验

体验本身是对生命过程的一种经历，表现在人们积极主动、有意识的能动意识。审美体验，作为人类生命基本的活动，又被看作一种意识的活动，堪称至高体验，最能体现人类本身的自由自觉的意识，和对理想境界的追求。

审美体验就是对事物的直觉。所谓直觉，就是一种对事物最直接的感受，并非经过思考后的感受。审美体验因为个人的性格、情趣等的不同，而会有所不同。在审美体验中，直接并非是盲目的，它是依靠于个体自身的文化、知识、教养的高级直觉。

三、审美因素

（一）环境审美的整体性

环境审美的对象并非独立存在的，而是根植于广阔的整体领域中。它要求欣赏者需要将艺术美从传统的标准中脱离出来。环境美集自然美、艺术美以及社会美为一体，体现着一个整体的环境关系，也就是由客观环境、个人环境和社会环境，三方面共同构建起来的有机整体。环境审美不只是建筑、场所和其他外观形态方面的审美，同时也要综合考虑到周围环境因素，考虑到人们在不同阶段将会遇到的情境和心理感受，由此注重设计和生活的延续性。

（二）环境审美的综合性

环境审美具有综合性，也就是要求调动一切的感觉器官对环境和设计进行鉴赏。而并非像欣赏艺术品一样，主要依靠某种或某些感觉器官的作用。环境审美受多种感知器官的作用，人和环境之间是一种互相渗透、融合的过程。在这个过程中，人类所有的感知器官都得到了调动，从而实现对周围环境感知能力的最大化。

（三）环境设计审美的时空性

环境设计审美是通过时间、空间、运动等诸多方面进行的全方位审美感知和价值判断，具有一定的时空性。环境总是受时间和空间变化的影响，它具有动态性，并非静止不变。这一动一静的反差，是环境不同于个体设计作品的地方。当设计作品表现为个体形式时，它的造型、色彩、声音相对来说处于静止状态，偶有改变，也是它本身的活动，独立于周围环境，使观赏者在感受和设计作品上产生一定的隔阂。对环境进行审美，是在一定时空范围内进行的，它包含着审美发生瞬间人与环境的能动作用。

四、审美范畴

范畴是科学理论中的一个基本概念，就是人对于事物的理解和总结，它是外在因素同人类客观世界之间各种属性及其相互关系的体现。范畴体系是以逻辑和历史的统一为前提。真善美是哲学最核心的范畴，它是从美开始的，把设计领域内具有不同特征的美的事物归纳成对应的审美范畴，环境设计只有用美学的原理去研究，进而总结规律性的东西，才能对环境设计美学有了一个综合的认识，使环境设计得到持续创新。

（一）形式美

所谓形式美，就是指由事物形式因素自身结构关系而形成的审美价值。完形心理学认为，人们对形式因素会有感情上的契合与共鸣，并通过知觉的形式因素生成具体的审美经验。形式感的形成是人们审美感受之本，更是人类审美活动的一个重要组成部分。

了解形式感形成的原理，是弄清形式美的实质的先决条件。形式美具有多种形态特征，其根本之一就是多样统一，也就是和谐。形式美的规律应该符合自然规律，这种契合并非形式美审美价值的成因，形式美是建立在人的需要基础上的，以人的审美感受为先决条件。形式美作为一种审美存在，是有条件限制的，也是相对的。

（二）技术美

自旧石器时代开始，人类制造出各类石器工具，在寻求效率的同时，不断从形式上对其进行完善，这个过程中唤醒了人对美的追求，打开了一个全新的审美视野，提供了一种全新的审美价值。技术美既是人类创造的最原始的审美形式，更是人类平时生活里常见的审美存在。人们对技术美的感受，不是来自于享受技术功能，也不是科学实验，而是对形式的认同，表现了创造与目的结合在一起，实现某种程度上的自由。

（三）功能美

环境艺术设计作为一门实用性很强的艺术，其自身具有服务性作用，因此，现代环境设计在作品的设计过程中，需要将人类的根本利益考虑进去。技术美体现了生产领域中的美与真之间的联系，所以，人类进行环境设计的前提是掌握生产领域的客观规律。功能美表现出生产领域美和善之间的关系，设计中的审美创造始终是围绕社会目的性而展开的，从而将设计形式转化为环境功能、人类需求和发展需要的实现。

（四）艺术美

英国美学家赫伯特·里德从艺术构成的分析中归纳出两类艺术：一类是人文主义艺术，它具有再现性和具象性，是对社会生活的形象摹写；另一类是抽象艺术，它具有非具象性和直觉性，体现了形式美的规律审美是艺术的特性，设计艺术所具有的种种社会功能，必须通过美学的传递与意向的展示才能实现。

美感是艺术审美价值最关键的体现。艺术的审美价值始终是同时代、民族、地域结合在一起的，艺术理想不同，其价值追求亦有所不同。一方面，艺术美将存在于客观现实中的美更加集中得表现出来；另一方面，它也是设计者精神创作的结果，体现着设计者个体的审美感受和情趣。因此，艺术美来自现实美，较现实美也更为集中，对社会生活的反映更深入。

（五）生态美

审美是建立在人类社会实践基础之上的一种人类对生存方式及精神世界的追求，是人类活动在精神、观念领域中的拓展。生态审美恰恰是人类在生态价值观引导下产生的一种审美意识，表现为人与自然的互相依赖。生态审美意识是人类对自身生命价值的认可，同时也是对外在自然美的认可，还是人类和自然共同命运的欢歌。生态美是审美主体将自身生命与客观的物质世界和谐相融在一起。

环境艺术设计中，客观环境、个人环境、社会环境三方面一起，形成广义上的环境。所以，人们可以以鉴赏的眼观看待周围事物。不管是有形的、无形的、运动的或者静止的，人工的或者自然的，均可作为环境设计的要素，或者环境审美体验的客体。

五、审美多元化发展

根据美学发展的规律，我们认识到时代和地域不同，人们的生活方式也各异，这些都对人们的审美风格产生着直接影响。审美活动从少数的精英向大众化转变，使得人们在对待外来文化时采取兼容并蓄的态度，能够接受不同的设计风格和造型。在当代，多元化的价值观盛行，使人们的审美感受向个性化趋势发展，审美趣味越来越多样化，审美能力日益增强，审美观念的更新，社会整体认识的包容性，促进了审美需求的多元化发展。

当前社会经济飞速发展，文化与信息交流愈加频繁，设计审美理念的转变给设计发展带来很大的影响。

1. 多元审美给人们带来各种各样的设计理念

当代的环境设计思潮下，由于审美倾向的差异，形成多种设计流派。例如，后现代派、高技派，都是建立在不同的审美观之上的。人们对于美的认识已经不再追随潮流了，而是更关注个体的体验。

2. 多元化审美大大助长了人们的创新意识

现代社会中，人们求新、求异、求变的心理需求越来越强烈。因此推动了设计功能日益增强，也使得独创性日益受到重视。这种"新"可以表现为创造性，也可以表现为改良性。在审美的多元化发展形势下，人类的创新欲望将会得到更加自由的发挥。

3. 多元化审美为新材料、新技术的研发创造了条件

审美需求与观念表达构成了艺术两大主要功能特点，设计者唯有紧紧抓住人们的审美需求，才能够发现更好的审美表达方式，设计作品才会更受欢迎。多元化的审美趋势，使得现代环境设计更注重设计理念，更尊重人们主观方面的感受，更关注人与自然之间的和谐相处。

第二节　环境艺术设计的形式美

环境设计形式美是基于美学表现规律与现代环境设计实践的一种应用性美学理论。形式美是客观事物外观形式的美，是构成事物的物质材料的自然属性及其组合规律所呈现出来的审美特征，是人们在长期的生产生活实践中形成的一种审美意识，具有普适性的价值和意义。

一、形式美的规律

形式美是相对于美的内容而言的，是从美的形式中产生的而又高于美的形式。它是美的统一体的有机组成部分，不能脱离美的内容而独立存在。人类所感知的世界无不蕴含和体现着秩序和规律，因此，人的天性和潜意识中的秩序感成为审美的最根本、最普遍的倾向。

形式美构成规律将美学原则和审美认知规律应用到设计创造实践领域，是人们在造型艺术创作过程当中，从心理需求出发，通过长时间的探索与总结，得出的被人们普遍接受的基本规律。变化和统一、对比和协调、比例和尺度、节奏和韵律、对称与均衡等都是形式美的规律，影响着审美主体对客观环境的美感价值

评判，从而使艺术与设计实现完美统一。形式美是一切设计活动所应遵循的美学法则，贯穿包括环境设计在内的诸多艺术形式。

（一）变化与统一

变化与统一是自然界和社会发展的根本法则。统一是一种秩序的表现，是一种协调的关系，其合理运用是造型形式美的技巧所在，是衡量艺术的尺度，是创作必须遵循的法则。

变化与统一是形式美法则的高级表现形式，也被叫作多样统一。变化和统一是自然界对立统一和谐整体的反映。"变化"或"多样"突出构成要素间的个性和差异，变化受统一支配，统一对变化进行统辖，体现了设计构成要素之间有序、和谐、整体的美感。

表 2-2-1　统一与变化的表现形式

元素	粗细、长短、曲直、疏密
形态	大小、方圆、规则、不规则
色彩	明暗、鲜灰、冷暖、轻重、进退

（二）对比与调和

柏拉图认为，没有和谐，在任何东西中都不存在美。[①] 现代设计美学中和谐是各要素之间多样性统一的具体体现，即对比与调和。就环境艺术设计而言，不论是整体还是部分，群体或者是个体，内部空间或是外部形式，对比使环境变得更鲜明，富于变化，打破了单调沉闷。并运用形态上的差异性，谋求空间环境与空间形态的协调。许多非对立因素之前有一定关联，形成不显著的改变的现象成为调和。各对立因素的统一称为对比。相同的因素只有当差异程度较大时，才能进行比较，差异程度较小时，呈现调和的特征。

环境设计对比与调和的关系是统一的、相对的，是一个极其复杂的问题。

利用对比达到调和在设计领域是十分普遍且有效的办法。对比可以在多方面体现出来，如借用材质的虚实对比，使原本沉重的建筑空间富有生气和活力；利

---

① 孙磊.环境设计美学[M].重庆：重庆大学出版社，2021.

用色彩关系，包括合理使用对比色形成强烈、鲜明、活跃的环境性格，互补色相互衬托实现环境调和等。再比如新旧环境的调和，通常将新环境的色彩、材料以及装饰手法等与历史环境产生某种程度的相似或一致，在新旧环境之间保持视觉上的连续。也可以通过恰当的对比，在材料、色彩、装饰等方面突出与历史环境的视角差异，在新旧对比中彰显时代特色与历史环境的厚重与价值。对比是实现更深层次与环境和谐的有效手段。

（三）比例与尺度

比例和尺度作为环境设计造型要素中各个组成部分相互协调的基本法则，恰当的比例能产生美的效果。

第一个建立比例概念的，是古希腊一位名叫波留克列特斯的雕刻家。他在进行大理石人像的雕刻过程中，以头与手长为基准，形成人体均衡关系，用严谨的比例，塑造人体美的理想形象。公元前 6 世纪，著名的黄金分割理论问世，它是由毕达哥拉斯学派提出的。这个理论提出"数的原则统治着宇宙中的一切现象"，无论什么形态和形状，都可以用长、宽、高来度量。比例是对这三个度量间关系的设定，也就是说反复将这三者进行对比，寻找到他们之间最佳的关系。托马斯·阿奎那提出，对比例的界定并不只是指对事物之间数量关系的比较，并可指代事物本质上对应关系。他认为，比例有两种意义，第一是指不同数量间的关系，如倍数关系，可以认为是一种比例。第二是指事物之间的种种关系，亦可称作是比例。威奥利特·勒·杜克在《法国建筑通用词典》中给比例下的定义是这样的，比例，即整体和部分之间所具有的一种关系，他们之间是符合逻辑的必要关系。另外，比例需要满足理智与视觉。好的比例关系，不只是直觉与感性认识，还应体现对事物的理性认识，正确体现事物的内在逻辑性。影响比例的因素既包括空间功能，也包括空间形态、材料、结构，还包括各民族、文化背景与时代等因素。

（四）对称与均衡

人脸大体是对称的，因此人类从出生观察母亲的脸开始就产生了对称是美的潜意识。处于地球引力场内的一切物体，如果要保持平衡、稳定，就必须具备一定的条件，而这些自然界中的存在必然会给人一定的启示，凡是符合这种基本规律的就会给人以均衡和稳定的感觉,而违反这些规律的,则会使人产生不安全和颠覆的感觉。对称是指事物、自然、社会及艺术作品中相同或相似的形式要素之间的、相称的组合关系。所构成的绝对平衡的对称是均衡法则的特殊形式。均衡则是指在各要素之间既对立又统一的空间关系。

自然界的植物,外观形式都是对称的。植物布置更大量采用了对称式,如列植于路两旁。无论是我国的皇家园林,还是国外的欧式园林,建筑与植物的布局中,均大量使用沿轴两边的对称布置。以对称为基础,不对称的平衡产生别样的美感。自然式的植物配置大多采取均衡配置。均衡和对称,是互相关联的双方。对称可以形成一种均衡感,均衡中也含有对称成分。

(五)节奏与韵律

在亚里士多德看来,人类天生就喜欢节奏与和谐之类的美。自然界中很多事物与现象都呈现出规律性的重复,有序地变化着,人类自觉模仿和使用自然界的美,造就了重复性、条理性、规律性的美学特点,我们将其称为韵律。

韵律美可划分为不同的种类:一是连续的韵律,用一个或多个元素持续不断、重复排列形成的,元素间保持不变的距离与关系,可无限反复使用。二是渐变的韵律,持续的元素在某方面按某种秩序进行着改变,如延长还是缩短,等等。三是起伏的韵律,渐变节奏按一定规则有时增有时减,就像波浪起伏。四是交错的韵律,各元素按照某种规则错开或者穿插在一起,各个元素之间互相制约,呈现有组织地改变。不管是什么节奏,什么韵律,均有明显条理性、重复性与连续性,能够增强环境整体统一性,还能获得多姿多彩的改变。

二、形式美的构成要素

(一)形态

环境设计是一门综合性的艺术,各种视觉元素的组合和存在形式是其发展的重要因素。点、线、面、体是构成视觉元素的基本单元,通过这些基本单元可以组合成一个整体的视觉感知实体。

点是出现在我们视觉中的最小单位,但其可以创造出意想不到的视觉亮点。点具有一定形状和大小,如点状物、顶点、线之交点、体棱之交点、制高点、区域之中心点等。点在视觉中有积聚性、求心性、控制性、导向性等作用。点作用于某一范围的中央时，它是静止的，有吸引人的视线的作用。点在三维空间形态下的视觉特征活泼多变，也是构建三维形态的基本元素。

在环境设计应用中主要通过点的组织和点的形态的变化来实现设计意图。

线是以长度单位为特征的形式元素，无论直线还是曲线均能呈现轻快、运动、扩张的视觉感受。线条构成分为实存线和虚存线两种。实存线有实际的位置、方向，还有一定的宽度，主要以长度为特征；虚存线是指从视觉向心理意识过渡的线条。例如，两点间的虚线，以及它隐含的与这条虚线垂直的中轴线、由点阵构成的线条和结构轴线，等等。线条从视觉上勾勒了面和身体的轮廓，让形象变得清晰。并对面进行切割，以改变比例，分割出具有通透感空间的功能等等。

在三维空间中，线形的视觉特征带给人一定的情感体验。比如，直线给人以硬朗之感，竖直的线条和地面交叉在一起，给人带来上升、认真、纵向拉伸的感觉，表现出了某种力量和强度。斜线、曲线给人以强烈动感，具有一定的方向性。在三维空间设计中，斜线与曲线的应用，可以突破原本稳重的空间感觉，能够提高三维空间趣味性。

面一般是指面的形状，也就是面积，是一种远远大于厚度的形态。面分为实存面与虚存面两种。实存面具有一定的厚度、形状，既有规则的几何图形，也有任意的图形；虚存面是从视觉进入心理意识的一个面。面在形态上充当着限定体，用来阻挡，穿透、穿插关系划分空间，按其本身比例进行分割，造成了很好的美学效果。面的空间限定感最强，是主要的空间限定因素。

体具有长、宽、深（高）三维空间形态，是环境空间形态最为有效的造型形式。体有实体和虚体之分，实体有长、宽、高三个量度，按性质划分为线状体、面状体、块状体；按形状划分为有规则的几何体和不规则的自由体，可产生不同的视觉感受，如方向感、重量感、虚实感等。虚体（空间）自身不可见，由实体围合而成，具有形状、大小及方向感，因其限定方式不同而产生封闭、半封闭、开阔、通透、流通等不同的空间感受。体的视觉特征具有重量感、充实感，有较强的视觉效果。

点、线、面、体作为环境设计的基本形式元素和造型语言，通过各种形式元素的组合应用，可构建形体各异的空间形态，共同组成丰富多变的空间环境。

（二）色彩

色彩是环境中重要的视觉要素，它和其他视觉元素如"形""光"等一起传达建筑环境的信息。色彩具有独特的性状，它依附于其他要素存在，又和它们紧密相连。色彩对视觉效果的影响极其强烈，特别是在情感表达方面占有很大的优势，在环境体验中往往给人非常鲜明而直观的印象，不同程度地影响着人的心理与行为。

人们会赋予色彩一定的情感，这种情感是在不同的社会习俗、民族传统、生活文化等背景下形成的，是长期生活在某一特定色彩环境中积累的视觉经验的结果。不同的色彩会使人产生不同的心理感受。环境色彩与整个环境气氛及空间效果联系密切，比如鲜艳的颜色会带给人乐观的情绪，而深沉的颜色则给人压抑的心理感受。根据环境设计的具体要求，设计者要把握色彩的设计原理、色彩的视觉特性、色彩之间的对比与调和关系以及心理感受，充分利用色彩增强环境空间的视觉效果，使之与环境相互融合，获取特定的、良好的视觉效果与心理感受。

（三）质感与肌理

基于设计美学的视角，质感与肌理产生的视觉心理影响和情绪反应蕴含着丰富的视觉信息和表现力。

任何物体都是有表面的，物体表面的质地作用于人的视觉而产生的心理反应称为质感。如钢材、陶瓷、木材、玻璃、呢绒等材料在人的感官中产生的软硬、轻重、粗犷、细腻、冷暖等感觉。物体表面所特有的纹理称为肌理，包括材料表面的组织结构、花纹图案、颜色、光泽、透明性等给人的视觉感受。质感、肌理是材料在视觉上的直观感受，也是环境形式美学构造的重要因素。比如美国国家美术馆东馆设计，作为西馆的扩建部分，如何让两座相差近三十年，风格差异巨大的建筑形成视觉的统一。对材料质感与肌理的把控在设计中起到了非常重要的作用。设计师贝聿铭先生在设计时用材料的质感与肌理对东西两座建筑的外观和环境进行了调和，最终成就了又一经典设计。

随着科技的进步，通过技术加工和材质处理，同一材料也将产生千变万化的质感与肌理形式，为美的创造提供更多可能。

第三节　环境艺术设计的空间美

人类对空间的认识最早可以追溯到原始人对山洞的利用，从自然空间到人工空间意味着空间对人类有了意义。空间的变革促进了人类改造自然的发展。从希腊开放的柱廊式神庙到中世纪哥特式超尺度竖向空间，再到古典主义的严谨、对称，空间的认识和发展从单一物质功能走向物质精神的统一体。

环境设计是空间的艺术，空间美作为环境设计对艺术审美和精神文化追求的载体，也是环境设计审美的重要体现。

一、空间认知

（一）空间之美

空间之美最早源自西方国家对舒适、休闲、品位、情趣的追求，或者说是对不同的空间设计风格或严肃或轻松的表现方式。

空间美学不是简单的空间设计，空间之美以主体的空间审美经验、美感体验以及空间的想象性与审美性为特征，以艺术和技术为手段，通过不同的设计手法和风格表现空间之美，营造空间的氛围与意境，划分和组织空间功能，实现空间理性与感性的融合，传递受众良好的视觉表现力和艺术感染力度。

（二）空间的基本类型

从空间美学的角度出发，可对空间进行形态性分类、感受性分类和确定性分类等。了解空间基本类型，不断丰富空间表现语言，试验空间营造的多种方法和效果，积极寻求空间新的体验是环境设计的重要内容。

1. 封闭空间

用限定性比较高的围护实体（承重墙、各类后砌墙、轻质板墙等）围合起来，在视觉、听觉等方面具有很强隔离性的空间称为封闭空间。封闭空间阻断了其与周围环境的流动和渗透，其特点是内向、收敛和向心，有很强的区域感、安全感和私密性。

2. 开敞空间

开敞空间是外向性的，限定度和私密性小，强调与周围环境的交流、渗透，通过对景、借景等手法，与大自然或周围空间融合。开敞空间与封闭空间是相对的，开敞程度取决于有无侧界面、侧界面的围合程度、开洞的大小及启闭的控制能力等。相对封闭空间而言，开敞空间的界面围护的限定性很小，采用虚存面的形式来围合空间。与同样大小的封闭空间相比，开敞空间显得更大一些，心理效果表现为开朗、活跃，景观关系和空间性格上是接纳性的和开放性的。

3. 动态空间

动态空间是利用环境中的一些元素或者形式给人造成视觉或听觉上的动感。动态空间引导人们从"动"的角度观察周围的事物，把人们带到一个空间和时间相结合的"第四空间"。在环境设计中主要表现为：第一，利用各种管线、活动雕塑以及各种信息展示，加上人的各种活动，形成丰富的动势；第二，组织引人流动的空间系列，方向性比较明确；第三，空间组织灵活，人的活动路线不是单向的而是多向的；第四，利用对比强烈的图案和有动感的线型；第五，动态的光影；第六，动态的自然环境和景物，如瀑布、花木、小溪、阳光乃至禽鸟。

4. 静态空间

静态空间是指引导人们从"动"恢复到"静"，而且没有时间和空间变化的一种空间形式。安静、平和的空间环境符合人们动静结合的生理、活动规律，满足心理上对动与静的交替追求。静态空间一般有下述特点：空间的限定度较强，趋于封闭型；多为尽端空间，序列至此结束，私密性较强；空间及陈设的比例、尺度协调；色调淡雅和谐，光线柔和，装饰简洁；视线转换平和，避免强制性引导视线的因素。

5. 虚拟空间

虚拟空间是指没有十分完备的隔离形态，空间也缺乏较强的限定度，通过象征性的、暗示的、概念的手法来进行处理，依靠联想和视觉划定的空间，所以又称为心理空间。虚拟空间没有明确的界面，但有一定的范围，它处在大的空间之中，与大空间相通，但它又有自己的独立性，是空间中的空间。虚拟空间适用于复合型、公共型、开敞型等空间，是通过局部升高或降低地坪和天棚，或以不同材质、色彩的平面变化来限定的空间。

6. 虚幻空间

虚幻空间是利用不同角度的镜面玻璃的折射及室内镜面反射形成的虚像，把人们的视线转向由镜面所形成的空间。镜面可产生空间扩大的视觉效果，有时通过几个镜面可使原来平面的物件形成立体空间的幻觉，紧靠镜面的不完整的物件还可形成完整的假象。在室内，特别狭窄的空间，常利用镜面来扩大空间感，并利用镜面丰富室内景观，使有限的空间产生无限的、怪诞的空间感。

7. 交错空间

交错空间增加空间的层次变化和趣味，方便组织和疏散人流。这个设计早已不满足于封闭规整的、层次简单的空间组织和划分，在空间的组合上常常采用灵活多样的手法，形成复杂多变的空间关系。交错空间在水平方向采用垂直围护面的交错配置，形成空间在水平方向的穿插交错，在垂直方向则打破了上下对位，形成上下交错覆盖，俯仰相望的生动场景。特别是交通面积的穿插交错，类似城市中的立体交通。交错空间与流动空间的区别在于：流动空间只强调空间的流动性，而交错空间强调空间的错位咬合。交错空间带有流动空间的特点。

8. 结构空间

通过对结构空间中结构外露部分的观赏，领悟结构构思及营造技艺所形成的空间美感，给人一种现代感、力度感、科技感和安全感。

9. 流动空间

流动空间是一种空间与空间之间采用家具、绿化、构件等物体进行分隔而形成的开敞的、流动性极强的空间形式。在空间设计中，应避免孤立静止的体量组合，追求连续的运动空间。与动态空间相比，流动空间是在两个空间之间形成动感和交融，而动态空间一般是指在一个空间里形成动势。

10. 共享空间

共享空间是一种综合性的、多用途的灵活空间。空间形式由波特曼首创，故又称为波特曼空间。共享空间广泛地应用于各种大型建筑中庭和其他公共空间。

作为大型公共空间的活动中心和交通枢纽，通透的空间形式充分满足了"人看人"的心理需要。空间处理手法灵活，形式多样，小中有大、大中有小、外中有内、内中有外，穿插交错，极富流动性。

11. 灰空间

"灰空间"的概念最早是由日本建筑师黑川纪章提出来的，灰空间又叫泛空间。灰空间有两个含义：一是指色彩，即灰是介于黑白之间的过渡色彩，在明度和色相上可以呈现出多种不同的变化；二是指介于室内外的过渡空间。从空间特点来讲，灰空间具有过渡空间、媒介空间、连接空间、边缘空间的特点，是由外而内，由公共至私密的空间形式。灰空间作为封闭和开放的媒介，界定性较弱、边界弱化模糊。现代设计中以开放和半开放为主的灰空间设计应用广泛，在空间序列中起过渡、连接、转化和衬托的作用，减轻了建筑割裂形成的空间疏离感，淡化了建筑内外空间的界限，使两者成为一个有机的整体。

12. 下沉式与地台式空间

下沉式与地台式空间通过地面局部下沉或地面升高，在统一的室内空间中产生了一个界限明确、富有变化的独立空间。下沉式空间地面标高比周围的要低，具有隐蔽性、保护性、宁静感，属半私密性空间。地台式空间与周围空间相比显得十分醒目突出，空间具有一定的开放性。在环境设计领域，下沉式空间设计应用广泛，比如下沉广场、下沉庭院、下沉露台等。

13. 母子空间

开放的大空间往往缺乏私密性，空旷而不够亲切；而在封闭的小空间虽避免了上述缺点，但又会产生沉闷、闭塞的空间感觉。母子空间是对空间的二次限定，是在原空间中用实体性或象征性的手法限定出小空间，将封闭与开敞相结合的空间形式。母子空间具有一定的领域感和私密性，能够较好地满足不同群体和个体的空间需要，广泛应用于各种公共空间的设计。

二、空间的形态构成

形态除了空间本质属性外，还有多样性、可感性、变通性等不同属性。空间形态不仅是现实空间中包容实体形态与虚空形态的有机整体，也是意识空间中对事物存在的主观判断，是能够在虚拟空间中呈现信息交流的综合体。

（一）空间形态是空间内容的统一

密斯·凡·德·罗曾反复强调"形式主义只努力地搞建筑的外部，可是只有当内部充满生活，外部才有生命"[①]。由此可以看出，他所强调的是内部对于外部形式的决定性作用。在三维形态的研究中，如果只考虑形式而忽略空间内容，那么形式的存在是没有意义的。从这个意义上讲，应当强调内容对于形态的决定性作用，但我们也不能只注重内容，而忽略空间形态对内容的影响，优秀的空间形态，应该是空间内容与外部形态的完整统一。

（二）空间形态是空间结构的体现

任何一种形态存在都是以一定物质和技术手段为支撑的，新的结构为空间形态的实现提供了可能。结构的发展一方面取决于材料的发展，另一方面取决于技术的进步。空间内容是空间形态存在的最为活跃的因素，空间内容的发展促进了空间结构的不断发展，也为空间形态的多样化在空间形态的实现提供了可能，在结构造型的创新和变化中去寻找美的规律，空间形状、大小的变化，并和相应的结构系统协调一致。要充分利用结构造型美来作为空间形象构思的基础，把艺术融于技术之中。研究三维空间形态，设计师必须具备必要的结构知识，熟悉和掌握现有的结构体系，并具有对结构从总体至局部敏锐的、科学的和艺术的综合分析能力。

（三）空间形态是情感精神的表达

空间形态的特征不仅是空间功能的反映，也是设计意图和情感精神的表达。通过图形或形态隐喻某种感性意味和象征意义，以空间形态语言引导人们产生联想并获得某种情感体验，是视觉印象产生的心理结构与空间形态及其意义之间的某种程度的同构。不同的空间形态具备不同的情感传达，比如庄严、雄伟、肃穆的情感诉求往往决定了空间形态简单、敦厚、稳固的视觉特征。在三维空间中，

---

① 孙磊. 环境设计美学 [M]. 重庆：重庆大学出版社，2021.

等量的比例如正方体、圆球，没有方向感，但有严谨、完整的感觉；不等量的比例如长方体、椭圆体，具有方向感，比较活泼，富有变化。

（四）空间形态是外部环境的反映

空间包括物理空间和心理空间。现代空间形态不再单纯地局限于三维空间本身，而是在空间的设计和应用上扩展到描述环境与空间形态的关系方面，它在与环境的对话中给人以视觉、听觉、嗅觉等全方位的感受，就像一件雕塑作品或一座建筑一样，其存在都应考虑与周围环境的呼应。例如美国著名建筑设计师赖特设计的流水别墅充分利用地形、水体等自然环境，依山傍水、造型独特，做到了建筑主体与自然环境完美结合，流水别墅的建筑形态不是刻意强加于环境的，而是自然成长于环境、融合于环境的，是形态与空间环境相互依存的一个典范。

三、空间体验感知

（一）空间情感

空间艺术是一项非常复杂的审美创造活动，在空间审美体验中蕴藏着极其奥妙的心理现象和心理规律。从艺术的角度来看，空间的实质是情感空间。情感性使空间艺术有别于一般科学的想象特征，不仅遵循一般的认识逻辑，而且遵循特殊的情感逻辑。

感受和认知空间可以分为客观和主观空间意识。客观空间是空间本身和所限定的空间环境；而主观空间即是空间的情感，具有互动的作用，即作品对受众的心理影响。如一个人在一间四壁涂满红色涂料的屋子里面会产生一种压抑、急躁的心理感受，这种感受便是主观意识形态，即空间情感反应。现代设计中对于空间情感化、人性化的设计回归，是当代环境设计和人们生活品质的需要，设计的主流不再局限于有形形态元素等结构和空间的定位，更多倾向于空间对现代生活空间等人文生态因素的多元化关怀，从而使空间的创作更具人性情感，更符合对环境的审美需求。

空间情感的体验不能脱离空间的物质主体，空间物质属性与空间情境有着不可分割的对应关系。空间的情感属性受空间的风格、构思、材料、结构等内容影响，通过空间设计表达，以空间和时间作为媒介，传递审美感觉上的愉悦和心灵共鸣，将空间环境由物质形态升华为一种精神境界。空间情感营造的是高度主体化的空间，作为创作主体的设计者重要的是把握情感节奏，包括情感性质、情感强度以及持续时间的转换。这种转换造就了情感的起伏流动，形成了空间情感的认知节奏。

（二）空间文化

空间文化源自人们的公共生活，经过集体或个人意识的渲染，在环境场所中形成了一种强烈的感染力与认同感，体现了民族性、地域性、生活方式、信仰与情感。作为文化积淀与传统的延续，空间文化贯穿人类认知、改造空间环境的发展进程中，深刻影响着城市形态、空间肌理、建筑风格等物质空间与精神空间多个层面。空间文化所表现出的差异性和独特性，是文化语境下空间认同感和归属感的集中体现。

空间体现了文化的民族性、地域性和时代性，辩证统一地认知空间文化的设计美学特点，既不能因为强调时代性而忽略了民族性，也不能因为强调民族性而忽略时代性。

（三）空间功能

1. 功能与空间体量的关系

功能对空间的大小和容量具有决定性作用。在环境设计过程中，一般以平面面积作为空间大小的设计依据。空间要满足基本的人体尺寸要求和舒适度要求，其面积和空间容量就应当有一个比较适当的上限和下限，在设计中一般不要超过这个限度。比如车站、机场等一些公共场所，其空间体量和尺寸巨大，主要是因为要满足其功能性。再比如人民大会堂的金色大厅，即使面积不变，空间体量缩小（高度）也是无法满足其作为国务活动重要场所的使用功能和仪式功能。

2. 功能与空间形态的关系

空间的功能定位对空间形状和组织形式有巨大影响。空间是一种物质存在，包含了长度、宽度和高度等基本要素。比如教堂内部空间往往呈长方形布局，在早期没有先进的音响和扩音设备情况下，长方形的空间更有利于声音的传播。以教室为例，面积为 $5m^2$ 左右，平面尺寸可以为 $7m \times 7m$，$6m \times 8m$，$5m \times 10m$，

4m×12m，其中 6m×8m 的平面尺寸能较好地满足使用要求。会议室，略为长方形的空间形状更有利于使用。

3. 功能与空间质量的关系

在对空间的体验感知中，我们通常比较熟悉对空间体量、空间形态和空间情感的认识，但对空间质量的判断是比较模糊的。在我们的生活中，人们希望住宅空间具备更好的通风效果、更好的采光等，诸多因素决定并影响了空间使用的品质。空间质量也决定了空间内容的意义和功能的实现。空间的质量与采光、通风、日照关系密切，外部环境因素会影响我们对空间质量的塑造。中国处于地球北半球、欧亚大陆东部，大部分陆地位于北回归线（北纬）以北，一年四季的阳光都由南方射入，文物、实验设施、贵重书籍等在光照条件下，容易缩短使用寿命，所以博物馆、实验室、书库等应以朝北为宜，以避免太阳的照射。又如我国的传统园林建筑，往往采用堆山理水等手法来营造园林环境，一方面出于文化审美对自然山水的崇拜，另一方面，通过环境和建筑空间的完美融合，可营造更为良好的空间质量。

4. 空间尺度

对于三维空间认知，空间尺度是重要方面。三维形态空间的大小、轻重共同构成了空间尺度，空间尺度取决于空间内容。空间尺度是相对的，一方面由构成空间尺度的元素决定，另一方面还取决于观察方式和视角变化。

对空间尺度的感受可以通过设计来改变。

（1）颜色

室内空间效果最大化是把空间都刷成同一颜色，其中白色空间感受最为宽阔，独立的空间弱化分界线，天、地、墙融为一体可以使空间无限放宽。

（2）光与影

室内空间中，光影可在一定程度上影响人对空间尺度的感受。室内空间灯槽等设计将天花与墙面的界限模糊，从而使空间在视觉上变大，有向上延续的感觉。自然光线的引入，可以在感官方面起到增加空间体量的作用。

（3）材料

材料对光的反射、虚实可以给人一种空间延伸的感觉。例如：采用透明或半透明玻璃、塑胶或者对光反射强烈的镜子、石材、瓷砖、不锈钢等可构成室内空间的虚实关系，同时加强空间的延伸感。

（4）空间构成元素的影响

由线形等元素构成空间界面，线条的拉伸和变化是增强空间延伸的有效方式。由块状元素构成的空间，通过体块在空间中由大变小、由疏变密，也可使空间有延伸的感觉。

（5）空间自身的延伸

空间中利用通透材料向室外空间延伸，室内空间与其他空间采用半封闭或敞开式分隔，也是空间体量延伸的一种有效方式。

四、空间美的环境设计应用

空间美的认识对环境设计的影响主要表现在空间层次、空间功能和空间表现三个方面。

从空间层次的角度看，环境空间具有分隔空间、创造多维空间的作用。设计内容与空间特性的统一，充分考虑不同空间的具体风格定位及空间层次，使其更具功能性、私密性、舒适性及美感。

从空间功能的角度看，空间使用功能起到引导人的生活方式的作用。空间性质不同，对空间设计的表现就有不同的需求。在环境设计中，空间功能是物质功能和精神功能的综合体现。空间的物质功能是通过构成空间的物质基础和手段实现的空间价值。空间的精神功能建立在物质功能的基础之上，是一种通过空间形式美的规律、构图原则来反映不同意境或氛围，从而给人一定心理影响的空间艺术。空间设计及优化不仅体现在空间的显性功能上，也体现在空间的隐性功能上，从而实现空间的实用性和艺术性。空间的形态语言可以传达崇高、神圣、稳定等意义。

从空间表现的角度看，空间是设计理念的物质载体。注重空间中的环境设计表现，是环境设计的主要内容与基础。环境设计过程是空间艺术形象与空间实用性的有机结合，是一个全面系统的设计意识。空间美感和意境具有不同的表现风格，环境空间设计的表达是环境设计和建造的灵魂。因此，在环境设计中应充分研究空间表现的影响，丰富空间设计的表达方式，促进设计理念的形成。

环境设计与空间相辅相成，空间设计是理性与感性的集成，是空间个性与受众心理相互作用的结果。空间需要环境设计来实现其功能性，环境设计需要通过空间来表现设计的实用性和艺术性，两者辩证统一。

第四节　环境艺术设计的生态美

斯德哥尔摩国际环境会议于 1972 年召开，随之掀起了保护自然生态的全球热，自然生态问题成了世界各国研究的热点，生态美学就此产生。20 世纪 90 年代以来，作为一种创新的理论形态，伴随着人类绿色意识的觉醒，生态美学成为美学理论在当代的新发展、新延伸和新超越，是当代重要的审美状态、价值观念和审美追求。

一、生态美的认知与发展

城市环境从 19 世纪后期开始便面临着威胁，这是因为资本主义工业获得了长足发展。有些设计师具有社会责任感，认识到进行环境设计的同时必须注重生态保护，由此开始探索生态主义设计的发展。生态主义是以人与自然和谐共生为核心的一种新的设计模式，它提倡"人与环境协调"，并把这一原则运用于建筑设计、景观和室内设计等方面。在 20 世纪 80 年代之前，在景观设计中，生态主义曾长时间占据主流地位。

（一）生态美的认知

生态美以人的生态过程和生态系统为审美观照的对象，是人与自然生态关系和谐的产物。环境设计生态美学从科学、道德和审美三个方面重新审视和探讨人与环境的关系，并且在社会，经济，文化日益发展的条件下，提出了生态审美状态的生存观，包括人与自然的关系，社会的动态平衡等。

生态美融入了环保、绿色、生态等概念，在传统的审美因素当中增加了生态因素，创造了一种有机和谐之美，形成了一种新的美学形态。

绿色生态美的价值观呈现出积极的审美。突出自然生态之美，提倡简约质朴，返璞归真。在顺应自然规律的基础上用艺术手法和科技手段改造自然，做到人与自然的和谐相处，实现人类和环境之间的动态平衡。

后现代背景下，生态美学从全新的角度对人与自然进行考察。思考社会与人本身的关系，将人与自然的"双赢"作为美的最高层面，从存在本体论高度形成了一种对人类生存状态的美学思考，是一种包含着生态维度的当代环境审美观念。

（二）生态美学理论的沿革

"生态学"这个概念最早在1866年被德国科学家恩斯特·海克尔提出，他认为，在自然界中存在着一个物质循环过程和能量转化系统。而"人类生态学"这一概念最早是由美国地理学家哈伦·巴洛斯于1922年提出来的，明确将生态学和人类的存在联系在一起。此后，西方学者对这一领域进行了深入而广泛地研究。深层生态学是由挪威哲学家阿伦·奈斯于1973年提出的，他主张将自然科学和人文科学探索相结合，由此促进了生态存在论哲学的形成。最终，他发展出了规范的以系统论为基础和方法的新型哲学思想——深层生态学。这一新的哲学理论，打破了主客二元对立的机械论的世界观，提出了系统整体性的世界观。"人类中心主义"就此落幕，人们开始倡导"人类—自然—社会"的和谐相处。人们重新审视自然的价值，遵循道德原则，对环境权问题以及可持续发展问题给予一定的重视。在此基础上，提出以和谐为核心的人与自然的关系观。"生态美学"这一论题最早是由我国学者在1994年提出来的。随后，在国内学术界引发了一场关于生态审美与生态文明建设的大讨论，并取得了丰硕的成果。进入21世纪后，国内生态美学领域的学者陆续发表专著，这代表着中国生态美学已进入了一个系统而又深入的研究时期。

（三）生态美学与环境设计

在心理学、社会学以及人类哲学等方面，对美都有独到见解，生态美学就是美学在各方面的精华浓缩。它不仅是一种全新的审美观点和价值取向，更是一种崭新的设计理念和思维方式，并在一定程度上决定了未来环境设计的走向。在现代环境设计中，设计师与自然之间存在一种相互建构关系，即通过人与自然之间"共生"的方式来实现人和自然界间的和谐共存。生态美观念深刻地影响了环境设计实践机制，其对环境设计美学的改变主要体现在两个层面。第一，经过自然环境的熏陶，设计师从中获得设计灵感，并且从自然环境中获取资源等基础支撑。第二，环境艺术设计开展实践活动，要符合生态美学的理念和规范，运用科学的方法。以生态伦理为例，其在环境设计中构成了一定的道德约束，且生态保护在环境设计中塑造了价值建构，环境设计的潮流导向也受生态审美的影响，所有这一切，对环境设计活动的开展，都给予了更好的指导。

二、生态美的设计内涵

（一）人与自然的共生

首先，生态系统是事物间有机联系所构成的，这种关联使人类和环境中的各种元素息息相关。生态主义不仅是一种全新的审美观点和价值取向，更是一种崭新的设计理念和思维方式，并在一定程度上决定了未来环境设计的走向。生态美观念是建立在人和自然相互主体性思考基础之上的，以保护自然为重点，设计师遵循美学法则进行创作设计，确保保护和发展共同推进，使人与自然之间的和谐关系得到保护和重构。生态美是对"自然主义"美学的超越，它要求人们尊重自然生态系统中各种生命个体的价值和尊严，以一种平等的姿态来看待自然界。生态美观念一方面确认物种生存权利，另一方面也没有否认人与自然之间的区别。人类所具备的社会性、能动性和文化性，使之与其他生物不同。人是具有独特个性的生命个体，不仅拥有自己独立的生活方式，还能够通过自身的实践去改造自然界，以达到与周围万物共同发展的目的。人类主观能动性的发挥是以遵循自然为前提，无法脱离现实超越现实。人的创造性是通过实践来实现的，而实践又依赖于自然环境的物质载体——空间。在环境设计过程中，必须确立"有限主体"概念，人类行为活动总是受制于自然，以遵循自然为前提，充分发挥主体性，以"主体的有限性"为意识，完成环境创作与设计。

其次，自然规律有一定的秩序性，人与自然和谐共生，才能实现生活的高效与优化。人类对自然的利用和改造的过程就是赋予自然文化内涵的过程。只有有机结合人类本质力量和自然魅力，才能使人文内涵更加丰富、整合并升华。同时，人在保护和发展的双向互动之中，也能体会到自然的奇妙，进而感受到自身的强大力量。

（二）人与环境的和谐

审美主体内在与外在的和谐统一是生态美强调的重点。这种人与环境和谐的理论被广泛地应用于环境设计当中，体现了不同生命之间相互依存、相互联系的共生关系。比如人们聚集活动的区域，日照和风向至关重要，应因地制宜选择冬季风速较小、夏季通风良好的区域。

人与自然的和谐包含了人类在设计创作过程中对自然的重新感知与绿色设计理念。从环境方面讲，人类与环境想要和谐共处，必须遵循以生态为先的原则。生态优先保护可以丰富人类的视觉美感，提升精神享受，愉悦身心健康。同时，人对自然环境产生的美学体悟，促使生态功能实现真正意义上整合。

（三）人工环境与自然环境的平衡

环境与自然平衡，一方面，环境设计创作要以自然环境为基础；另一方面，要对自然资源加以合理利用，在生态美观念的影响下，环境设计的重要任务是树立人与生态环境共生共存的观念，从以人为主体转变到将优先权赋予整体生态环境。生态美学中的动态平衡理念认为，事物的发展变化是一个动态平衡过程，人类依赖于大自然而存在，对大自然的索取也应当遵循生态的动态平衡，取之有度，用之有节。因此，在人类的环境设计过程中应多选择使用率较高的产品重复利用，尊重自然的规律，兼顾生态美观性，环境可持续性与环境容量。实现环境和自然之间相互依赖的动态平衡，使自然界保持生态良性循环，促进环境系统整体均衡发展。

三、生态美的设计原则

（一）自然原则

在现代环境设计中，人对环境的改造以尊重自然为前提，基于生态美的自然设计原则更多的是强调人与自然的和谐与关联，以及自然作为环境系统的重要组成部分，与人类紧密联系、有机统一的设计意识。

创建人与自然协调相处的环境体系。经由艺术创作与设计手法，把自然中的要素导入环境中。比如在环境设计中加入山水、花草、阳光等元素，创造出具有生态意义的景观空间。人工环境和自然之美的密切结合必定是在遵循自然原则的基础上实现的，唯有如此，才能给人感官视觉上的愉悦享受，促进身心健康。

（二）绿色设计原则

绿色设计作为全新的方法论，着眼于人与自然的和谐发展。其根本问题是在地球资源有限、净化能力有限的情况下，减轻人类活动给环境带来的危害和负担，倡导在设计的每一个环节都要充分考虑环境效应，尽可能减少环境污染和破坏。

绿色设计原则的主要内容具体可以归纳为以下六个方面，即研究原则、保护原则、减量化原则、回收原则、重复使用原则和再生原则。绿色设计原则对环境设计的影响，包括研究环境对策、最大限度保护环境避免污染、降低能耗、运用生态材料、回归低碳环保，创造出和谐生存的环境。

绿色设计作为一种全新的设计理念，顺应时代潮流，以自然为绝对主体（环境始终受大自然的制约），着力于实现环境的功能需求与环境可持续发展需求的统一。

（三）可持续原则

联合国环境规划署在 1989 年 5 月通过的《关于可持续发展的声明》中指出，可持续发展的含义是在夯实自然资源的基础上实现长久、合理的循环利用。将环境方面的重视与考虑融入发展计划与政策之中。伴随着经济社会的发展，自然资源的过度耗损及其导致的环境污染与生态破坏，已给人类的生存与发展造成严重的影响。自然资源的有限性已成为人类可持续发展的关注点。自然资源包括土地、水、海洋、矿产、能源、森林、草地、物种、气候和旅游等十大类，这十大类自然资源又分为可耗竭资源和可再生资源两大类。可持续发展，必须重视可耗竭资源的合理开发、节约利用。在环境设计过程中，对设计材料的选择应考虑其性能和使用率，降低人们对能源的开采和使用，减少垃圾废物的产生和排放量，实现可持续发展，维护和改善人类赖以生存和发展的自然环境。

作为综合体，环境在一定程度上密切地联系着当中的人、物和他们生存的空间。环境中不同要素或元素所产生的作用和影响会使人具有不同的心理感受和情感反应。人类和他们的行为在设计的视角下，是整个环境的组成部分。环境与人类的创造、生活息息相关。可持续设计作为一种全新的思维理念，强调了"人与自然"

之间的和谐统一。可持续设计并不仅仅是资源的循环规划设计问题，更侧重于人类之间的代际关系与社会关系，并对人类和自然环境整体利益进行了深入思考。

四、生态美设计观念

生态文明社会下，从自然生态、社会生态、人文生态与精神生态四个层面认识生态内涵，将生态自然观、生态整体观、生态人文观以及生态审美观融入环境设计领域，有利于营建自然和谐、富有意境的人居环境。

（一）生态自然观

在人类生态领域中，生态自然观属于系统自然观的一种，其具体表现与现代形式符合辩证唯物主义自然观。当代全球性的"生态危机"是生态自然观确立的现实根源。生态自然观的根本观点是人与自然的和谐统一，其确立为可持续发展的理论和战略提供了重要的哲学依据。环境设计生态美学从生态自然观的角度出发，尊重自然生命，在生态美学视域下寻求自然的本真属性，设计回归自然本身，尊重自然生命，凸显自然特色，尽量减少人工对自然的干预，注重材料的生态运用，使人们充分感受到自然的魅力，最终形成健康的生态自然系统。

（二）生态整体观

随着生态文明的发展，人们已深刻地认识到人类与生态系统长久存在的密切相关的整体利益和整体价值。生态整体观倡导人类全面认识生态系统，将维护生态系统的整体利益作为衡量人类一切观念、行为、生活方式和发展模式的基本行为准则。生态整体观作为生态美设计的基本观念，已经成为环境设计重要的思维方式和设计目标。生态整体观强调最大限度地减少对生态环境的破坏，注重环境生态的整体设计，以生态保护理念为原则，统筹布置环境要素，积极寻求人类与自然、文化、环境的协调发展。

（三）生态人文观

生态人文观将人与自然提升到生态伦理的高度，力求与自然共存、共同繁荣、共同进步，强化人对自然真正意义上的伦理责任。生态伦理涉及多方面的内容，包括自然价值观与生态道义观。在人类中心主义传统中，人与自然之间存在着一种对立关系，这种对立导致了生态伦理思想的产生。根据生态价值观，人关爱自然，是因为对自然具有的内在性与独立性的崇敬。我们要对大自然保有起码的敬畏之心，要明白大自然绝不仅仅是人类的工具。生态道义观强调，人与自然之间存在着一种相互制约而非绝对平等关系，人类在利用、改造自然之前必须遵循自然规律。生态伦理学道德评价体系同时确立了人类和自然事物的标尺。不但要从价值主观性方面思考，也要注重价值的客观性方面；不仅认识到自然具有的使用价值，也要明白自然的内在价值不以人们意志为转移。

生态人文观将自然纳入人类社会活动的道德范畴，提倡人之外的生命或非生命形态都应该值得尊重，从根本上改变了自然的从属地位。在生态环境危机日益严重的背景下，应深刻认识生态人文景观对于现代环境设计的价值，加强人文关怀，谋求可持续发展。

（四）生态审美观

生态审美观是一种当代生态存在论审美观，是世界观的重要组成部分。审美活动是人所特有的精神活动。"与天地合其德，与日月合其明，与四时合其序"①，即是古人对自然生态系统道德意识和境界的崇尚和描述。随着时间的推移，人类与自然相处中不断总结经验、加深认识，生态审美观的内涵也在不断充实。从原始社会到阶级社会，人们的生态审美观念经历了逐步发展变化的过程。史前时代的人类是机械的、被动的和自然维持着和谐的关系，原始人类的生态审美观朦朦胧胧，含混不清。到了农耕文明时代，人类和自然的关系变成了人们对自然资源的使用、转化与摧毁。当时人们的生态审美观仍是质朴的。到了工业文明时代，人类对自然的利用和改造达到了极致，人类对自然采取了前所未有的征服态度和掠夺手段，肆无忌惮地向自然索取，造成了严重的自然破坏。工业的发达使人们的生态审美观表现出漠视生态的绝对化观念倾向，表现出极端的非理性色彩。到了现代文明时代，人类注重和自然和谐相处，现在的生态审美观是与生态整体发展相一致的。

"天地有大美而不言，四时有明法而不议，万物有成理而不说。"② 生态审美

---

① 王守仁.传习录[M].北京：开明出版社，2018.
② 沈秀涛.《庄子》名句[M].成都：天地出版社，2009.

观注重对审美者的审美引导，达成一种人与审美对象相融合的审美整体，使人与人、人与社会、人与自然处于和谐、平衡关系之中。正如王羲之《兰亭序》所说"仰观宇宙之大，俯察品类之盛"。

五、生态美设计表现

（一）协调性设计

自然生态环境是环境设计的基础和必要条件。协调性设计尊重自然的规律，考虑生态环境的可持续性、美观性和可承受性，并将差异性甚至矛盾性因素互补融合，做到适可而止，包括将设计建设对阳光、空气、地形、地质、水、植物等的破坏和损耗最小化，强调人工环境设计与自然环境相互依存的平衡关系。比如在环境设计中，强化对场地日照及风向的分析，合理布置功能场地，如儿童活动和康体健身类活动空间，应选择冬季风速较小、夏季通风良好的区域，冬季风较大的地方，种植常绿乔木，设置景墙作阻风处理。设计师在设计时要站在整个空间布局上，充分考虑到温度、湿度和朝向等各方面的因素。同时，人工环境和自然环境的协调要针对不同地理环境做出不同的调整，设计在符合客户的需求的基础上，要有一个良好的生态居住环境。

（二）资源利用的节能设计

首先，节能设计以尊重人与自然、人与社会关系为前提。对现有的资源合理安排，打造科学循环的可持续环境。当前我国正处于经济转型时期，能源消耗急剧增加，环境污染严重，生态环境日益恶化。所以应强化人本观念，强调返璞归真，珍惜自然资源，合理开发利用。深入了解节能降耗在当代环境设计中所具有的价值，重视文化精神生态化发展，对环境设计手段持续优化，广泛提倡并开发新技术和新工艺，切实创造出一个环保，健康，舒适的空间。比如水资源的循环利用，过滤回收雨水，通过雨水花园，对雨水进行净化回收，作为植物灌溉用水的辅助，有效节约水源；自然能源蓄能转化，如利用邻水等地理优势，设置太阳能、风能等转化设备，充分获取自然能源，辅助用电体系；植物垃圾再利用，将落叶作为有机肥料改良土壤等。

（三）生态环境的修复设计

基于地球存在的潜在环境危机，生态设计已经开始向更实际的主题转变，即恢复由于人类过度使用造成严重污染的废弃地。相关学者通过对传统景观设计手法和现代生态技术的研究，提出了"人工生态系统"的概念，并在此基础上构建出具有一定可操作性的生态修复策略体系。修复设计是一种贯彻生态与可持续的设计思想，推动维护自然系统所必须的基本生态过程。

其次，修复设计把环境设计和生态学的研究紧密联系起来。生态设计是指通过系统整合各种资源以实现人与自然和谐发展的一种设计方法和理念。全面的生态规划思想在麦克哈格的《设计结合自然》中详细展现，为生态设计开启科学时代。生态修复设计确认自然作用对于环境修复的重要价值，崇尚科学的设计路径，着重指出要靠综合生态资料的解析过程，才能得出合理设计方案，着重指出了科学家和设计人员之间协作的意义。设计不仅是技术问题，而且也是一种文化现象，它以人为中心，关注人自身的发展和生活方式的改变。设计时要充分了解自然规律，让设计介入，给自然以良性的作用。

最后，生态美确认并丰富着生态审美内涵。生态美是一种新的审美观念和生活方式，它强调人与自然界的协调关系，追求"天人合一"的境界。生态美的设计意识会产生视觉美感，将生态环保和环境体验统一起来，在很大程度上推动现代环境设计向生态绿色的方向可持续发展，达到人与自然和谐相处。

第三章　环境艺术设计的设计思路

环境艺术设计是按照一定的要素、程序与方法进行的，其原因在于环境艺术设计内容多样、步骤烦琐、冗长复杂，故而按照一定的要素、程序与方法可以使复杂的问题变得易于控制和管理，提高工作效率。本章介绍了环境艺术设计的设计思路，分别从环节艺术设计基础要素的设计、环境艺术设计的程序方法和环境艺术设计的表现方法进行阐述。

第一节　环节艺术设计基础要素的设计

一、环境艺术设计中的空间

为了增强人在视觉上的认知性，在环境艺术设计中，空间形态以"点""线""面"等元素构成界面围合，从而生成造型。空间形态设计是由一系列元素组成的整体，每个元素都有自己独特的内涵与功能，它们之间存在着一种相互制约的关系，共同决定了空间设计形态的基本特征。我们通过分解实体的形，可获得如下"点""线""面""体"等基本构成要素。在环境艺术设计的空间形态上，这些元素主要表现为客观上的限定元素——地面、墙面、顶棚或室外环境。这些限定元素与人之间存在着密切的联系，它们既相互对立又相互作用，共同影响着环境艺术空间形态。我们给这些限定元素以某种配比、形式、尺度与样式来构成有具体含义的空间形态，并且创造出一种有特定含义的空间环境。

（一）环境艺术设计空间的基础知识

1. 空间的概念

在建筑中，空间占据着主角地位，它在环境艺术设计中也处于中心地位。空间在环境设计中具有重要意义，它既可以使人们获得物质上的满足，又能给人带来精神上的愉悦。不管是建筑设计，环境设计或室内设计，对空间丰富的想象和创造性的设计都是主体和实质。空间在形式上具有多样性和丰富性，它是人们对客观世界认识过程中不断深化而产生出来的一种思维方式或艺术表现形式。空间是一个相对于实体而言的观念，空间与实体形成了虚实相对关系。在一定意义上说，一切物质存在形式中最基本也最为重要的一种形态便是空间组织方式，它体现了人对客观世界认识的深度与广度，反映着人们的精神需求与审美情趣。我们现在所居住的环境空间，正是通过这种虚实关系所构建出来的。人在不同的社会发展阶段，对客观世界有不同的认识。所谓人为空间，指的是建筑组成的空间环境。而自然空间指的是由山、水等组成的空间环境。人为空间也可以被认为是一定条件下形成并使用的人造物质形态或功能系统。我们主要研究的是人为空间。在人类活动中产生出的各种人造物质形态和人工现象都可以称之为人为空间。在这些实体中，建筑占了很大一部分，辅之以树、花、草和设施，从而形成城市、广场、街道、庭院的空间。

2. 空间的类型

（1）心理空间

据心理学关于空间感知认识的研究，人的空间观念是通过各种感官，由互不相关到相互协调，从了解外物到体察物我关系后才确定存在的。这种空间观念经过种种身体运动的经验，才从以自我为中心变为了以客观世界为中心的空间。没有身体运动的经验就谈不上客观的知觉。运动现象可分为两类：静的运动和动的运动。静的运动是不可视的运动。心理空间体察则离不开静的运动知觉，它没有明确的边界，但人们却可以感受到它的存在与实体相关，由具体的实体限定而构成。换言之，所谓的心理空间，即实体内力冲击之势（即内力在形态外部的虚运动），"势"是随空间变化的能量势的作用范围，可以通过"场"进行描述。

（2）物理空间

物理空间是指为实体所限定的空间，可测量的空间，是一般人所说的"空隙"。物理空间具有明显的轨迹，可以通过联系、分隔、暗示、引导等体现出空间的层次和渗透性，让其流动，以实现空间拓展。物理空间与心理空间是一个统一的整体。

3. 空间的限定

（1）产生

空间的产生可以理解为从点这个原生要素开始，通过线、面、体的连续位移，最终产生三维量度。比如，一根立柱能建立以"点"聚焦的向心空间，两根立柱之间有明显通过的线形流动感受；如果再在其上加上横梁，就具有了"门"的完形意义，暗示跨越到了不同领域；连续排列的列柱已经具有线要素限定的面的特性；墙面则是更封闭的垂直界定，它们与其他界面配合将空间围合，进而限定形式的视觉特征和体积。

（2）围合

单独界面只能作为空间的一个边缘，面与面之间或具有面的特性的形式要素之间，因位置与关联方式就能产生不同的围护感受。例如，平行面能限定空间流动方向，它们有的表现为走廊，有的构成墙承重体系。"L"形面一方面在转角处沿对角线向外划定了一个空间范围，越靠近内角的地方越内向，沿两翼逐步外向，又因其端头开敞，因此很容易与其他要素灵活结合。"U"形面有吸纳入内的趋势，同时因开敞端具有特殊地位，而容易在此产生领域焦点。四壁围合，有地面、有顶面是典型的强势限定，这种封闭内向的"盒子"随处可见。

围合程度体现出了对空间本质顺应或限定的不同态度，它与要素造型、界面关联以及门窗洞口方式有关。一方面，有的功能需要明确界限，以确保安全、私密和保温、隔热、隔声等物理要求；另一方面，也应尊重空间自由、开放和多义的倾向，让空间真正"活"起来。

（3）形态控制

空间形态不仅具有数学与几何特征，同时也承载着心理指向与不同意义。穹顶覆盖的圆形空间封闭完整，利于表现纪念性或集权，但是这种绝对对称的型制，从中心至外围，每条射线方向上的"压强"完全一致，行走其中时，方向性的同化就成为其缺憾。因而需要从其他因素上施加差别，这样才能避免处处等同而无节奏。三角形因"角"的出现显示出了冲撞与刺激，但在锐角空间处则给人以逼仄感。同为斜线，45°倾斜则还是指向中心，暗示对等平分；而诸如10°、20°等的倾斜则更具动势与力度；角度过小又容易被忽略而将其简化并纳入某种单纯的完形视像中。自由曲线是舒展的形态，也有引导视线的主动优势，但其因曲率不同而代表不同情绪，因感性多变而难以控制，同时也难于与其他几何性要素，如家具等配合。矩形直角空间安定平和，容易与内部其他要素协调，是在空间与结构上最具经济性的基本选型。

空间形态的比例、尺度也受色彩、肌理等因素的影响，如深色顶棚、粗糙的界面肌理使房间显得更低矮，而浅色或白色光滑材质则有适当的扩张效果。

4. 空间的分割

整体空间的分制同时代表了个体空间的围合程度，通常有绝对分割、局部分割、弹性分制、虚拟分制等。分制不等于分离，分离意味着游离出局，但分制还存在联系。

绝对分制的空间自主与独立性很好，也忠于私密性，但欠缺与外界交流的途径。事实上，真正意义的全封闭是不存在的，只是将与外部关联的渠道局限在了门窗等洞口罢了。局部分制与弹性分割因阻隔方式的开放性和可变性给空间带来了很大的自由度。

一般实体界而是不能穿越的，但是虚拟分割既能透视，又能穿越。它利用要素突变，使人在主观体验过程中产生了视觉意象，心理也同时在邻接、转折或边缘处做了一个虚拟界面的"标记"。它以台阶、色彩、材质、照明、激光、影像等作分割手段，但没有持久的实物阻挡。在当今信息时代，机械、动力、通信、电脑、管理等多学科技术统集并共同创造出了智能化建筑。它们不再局限于实体的、可触摸的三维空间，而拓展为了数字化生存模式下、充分调动感知觉与想象力的虚拟空间。在建筑外部空间与环境设施设计领域，也出现了类似的智能化控制。有的广场可以在某一时刻以对喷泉形成稳定的抛物水柱"拱道"，供人们漫步其下，一旦喷射停止，将不构成任何围合。

5. 空间的关联

（1）套叠

套叠是指空间之间的母子包含关系，即在大空间中套有一个或多个小空间。

之所以称为"母子"，是因为两者有明显尺度和形态差异，大空间作为整体背景，同时对场面有控制性力度。当然，小空间也有彰显个性的需要，如果其骨骼方向与大空间相异，那么两组网格之间就会产生富有动势的"剩余空间"。

（2）穿插

穿插是指各个空间彼此介入对方空间体系中的重叠部分，既可为两者同等共有，成为过渡与衔接之处，也可被其中之一占有吞并，从另一空间中分离出来。原有空间经组合后其界限在穿插处模糊了，但仍具有完形倾向。

（3）邻接

邻接是指各个空间因在使用时序的连续或活动性质的近似等因素，需要将它们就近相切联系。邻接空间的关联程度取决于衔接界面的形式，既可是肯定、封闭的实体即"一墙之隔"，也可是利于相互渗透的半封闭手段。如列柱、半高家具等，甚至仅仅通过空间的高低、形状、方向、表面肌理的对比来暗示已经进入了另一空间。

（4）过渡转接

过渡转接是指分离的个体空间依靠公共领域来建立联系，由此实现功能变化、方向转换和心理过渡等目的。如果将任务书要求的各功能区域的面积总和与总面积指标对照，总有一定出入。其实，并非所有空间都意义分明，除了担负着一种或多种用途的区域之外，还有一些"意义不明"的过渡转接空间，它们类似于语言中起承上启下作用的文字，这就造成了"面积之差"。

另外，过渡空间具备更多"不完全形"的特质，就像禅宗美学，留有余地，依靠想象来完善它，才实现了其价值所在。建筑学中的"完形"力求寻找简单规则的构图组织，而"不完全形"则通过对"完形"的特征省略、界限模糊和图形重构来逆向思辨，一些建筑理论家称之为"无形之形"。空间的过渡转接，就是以自组织和交互渗透的形态，使线性、封闭的区域获得对外交流的途径。

6. 空间的设计元素

（1）点线面与空间

对空间设计的基础理解要从物质构成的基础角度来看，即点、线和面。点是物质存在的基础。点的运动形成线，点和线是形成面的基础。而可以由点构成，也可以由线构成。点、线和面是构成空间设计的基础。设计师常把点、线和面直接运用在空间设计中。空间中的点、线和面是可以根据空间体验者的观察角度来转换的。例如，平面俯视图中的点可以转换成立面图中的线；平面俯视图中的线可以转换成立面图中的面。三个要素之间互相转换，也体现出了空间的四维特性。

（2）形状与空间

在环境艺术设计中，可以将空间与水类比进行理解：将空间放进圆形容器中，空间的形状就是圆形的；将空间放进方形容器中，空间的形状就是方形的。不同形态的空间会带给人不同的心理感受。空间切面的基本形态包括长方形、正方形、三角形、圆形、异形。

（3）尺寸与空间

尺寸是用特定角度或长度单位表示的数值。尺寸是一个客观的既定数值，不会随着外界环境的改变发生变化。例如，人的身高尺寸、柜子的尺寸等。空间的尺寸不同，也给人带来了不同的感受。当空间高度一定，而在宽度上有区别时，空间越小，越给人包裹感，当空间宽度与人的肩宽接近时，人就会感到越来越强烈的局促感；空间越大，越给人宽松感，但当空间宽度无限扩大时，人的安全感就会逐渐降低。当空间宽度一定，而在高度上有区别时，空间越低，人的限制度越低；空间越高，人的限制度越高，并会给人带来明显的下沉感。

（4）光与空间

光是人们对客观世界进行视觉感受的前提。从光的来源上来讲，可以将光分成自然光和人造光。在自然环境中，自然光包括太阳直射光、天空扩散光以及界面反光。

太阳直射光：一般在晴天的天气条件下，可以很直接地感受到太阳直射光。它带来的热量也很大，是自然光环境中最重要的光。在一天之中，太阳直射光在不同的时间段有着不同的照度和角度。因此，会产生变化多样的外部空间环境效果，对室内空间光环境也有着很大的影响。

天空扩散光：天空扩散光是一种特殊形式的光，它是由大气中的颗粒对太阳光进行散射及本身的热辐射而形成的。严格说起来，它不能被称之为光源，而可以被看作是太阳光的间接照明。天空扩散光可以产生非常柔和的光线效果，照度普遍不高，所以对于被照物体细节的表现力不够。由于太阳光透过大气层，波长较短的蓝色光损失较多，所以天空呈现出了美丽的蓝色。

界面反光：外部空间环境的界面由各种材料构成，有土石等天然材料，也有各种人工材料。当这些材料接收太阳直射光与天空扩散光综合作用时，可以产生复杂的界面反光，对光环境产生极大影响。

人造光是相对于自然光的灯光照明。优点是较少受到客观条件的限制，可以根据需要灵活调整光位、亮度等。至于产生人造光的人造光源，则是指各种灯具，主要包括：热辐射光源，如常见的白炽灯；气体放电光源，如荧光灯、金属卤化物灯；发光二极管，也就是常说的 LED；还有光导纤维等。具体的灯具分类则有着多种依据，可按光通量的分布分为直接型、半直接型、半间接型、间接型等；还可以根据安装方式的不同分为悬吊类、吸顶类、壁灯类、地灯类及特种灯具等。

（5）色彩与空间

在空间设计中，色彩是最为活跃、生动的元素。色彩往往是人对空间的第一印象。色彩的表现力很强，可以直接、深刻地刺激人的大脑。随着色彩研究的不断深入，设计师在进行色彩设计时通常会借助色卡或色相环来帮助其完成方案的配色。

不同的色彩会让人产生不同的联想，给人不同的心理感受，让空间具有象征和寓意。一般暖色给人以"外凸"和膨胀感，冷色给人以"内凹"和紧缩感。例如，红色让人感觉到了热情、温暖和希望，但同时也具有危险和警示的含义；绿色让人感觉到生机、活力和希望等。

（6）质感与空间

人对质感的感觉可以通过两种途径获得，一种是依靠眼睛的视觉，另一种是依靠身体的触觉。通过视觉判断获得的触感叫作"视觉触感"。依靠身体感知外界物体，并将这些触觉记录在大脑中形成记忆，通过视觉观察，初步形成对物体的触感判断，这种触感叫作"身体触感"。不同的质感会给人带来不同的心理感受。

在空间质感设计中，一般将质感划分为 5 个基础等级。等级越多，设计就越细致，但在设计时也就更难把握。软硬质感等级和粗细质感等级与材料比对。如表 3-1-1 和表 3-1-2 所示。

表3-1-1　软硬质感等级与材料比对表

材料转换	沙、土以及毛绒等	皮革、织物等	木材等	砖、石以及水泥等	玻璃、光面金属等
软硬等级	非常柔软1	中度柔软2	一般3	中度坚硬4	非常坚硬5

表3-1-2　粗细质感等级与材料比对表

材料转换	未打磨的砖、石和木等	沙、土以及毛绒等	皮革、织物等	漆面、水泥、打磨木材、石材等	玻璃、光面金属等
粗细等级	非常粗1	中度粗2	一般3	中度细4	非常细5

7.界面的实现

首先，界面的作用是多方面的，包括美化空间，围合空间以及烘托气氛。空间形态设计是由一系列元素组成的整体，每个元素都有自己独特的内涵与功能，它们之间存在着一种相互制约的关系，共同决定了空间设计形态的基本特征。为实现上述功能，第一，要精心选材。不同性质的材料需要根据其性能及用途来确定相应的应用方式，同时还需考虑到环境要求以及使用者需求。材料的物质属性首先应符合界面所在部位的使用功能，第二，还需要在适当的构造关系中把材料结合起来，另外还要综合设计界面触觉、视觉与其他感觉效果。因此，需要从宏观到微观分别确定好不同类型的建筑材料与构成要素。以上都是具体设计中需要全面考虑的问题。同时也需要注意到材料之间的相互匹配问题。

其次，界面的形式语言主要包括三个元素：形状、颜色、质量。其中色彩是最基本的要素，它与其他两种元素相互联系又彼此区别。界面依赖于这三个元素之间的内在联系，从而产生视觉上或其他感官上的综合感受。界面的构成因素是多种材料、各种技术及工艺方法的集合，这些组成要素之间存在着一定的关系和作用方式。整合界面形式遵循了美学的普遍规律与定律，其主要内容有：与度有关的美学法则、与数量有关的美学法、与质有关的美学法则。界面形式整合可以使设计更具有美感，从而增强用户对产品或服务的情感体验感。界面形式的融合，将使体量的差异、不同的材质达到自然衔接与转换，形成整体界面效果。

最后，以组合的方式，设计师放置排序空间和接口，构成了一系列适合人们使用的地方。空间是构成设计作品的基本因素之一，就具体环境艺术设计而言，设计师要因地制宜，适度改变，突出视觉构图之美，强调心理感受，使空间系统的构成协调有序。

8. 空间的组合设计

（1）序列与节奏

人对于空间的体验，必然是从一个空间走到另一个空间的、循序渐进的体验，从而形成一个完整的印象。运用多种空间组合方式，按照一定的规律将各空间串成一个整体，这就是空间的序列。空间序列的安排与音乐旋律的组织一样，应该有鲜明的节奏感，流畅悠扬，有始有终。根据主要人流路线逐一展开的空间序列应该有起有伏、有缓有急。空间序列的起始处一般是缓和而舒畅的，室内外关系要妥善处理，从而将人流引导进入空间内部。序列中最重要的是高潮部分，常常为大体量空间，为突出重点，可以运用空间的对比手法以较低的空间来衬托，使之成为控制全局的核心，引起人们情绪上的共鸣。除了高潮以外，在空间序列的结尾处还应该有良好的收尾。一个完整的空间序列既要放得开又要收得住，而恰当的收尾可以更好地衬托高潮，使整个序列紧凑而完整。除控制好起始、高潮和收尾外，空间序列中的各个部分之间也应该有良好的衔接关系，运用过渡、引导和暗示等手段保持空间序列的连续性。

（2）分隔与围透

每个空间都具有不同的属性与功能，环境效果也存在差异，最终要靠分隔才能完成差异区分。通常存在两类：绝对分隔与相对分隔。

①绝对分隔。顾名思义，绝对分隔就是指用墙体等实体界面分隔空间。这种分隔手法直观简单，使得室内空间较安静，私密性好。同时，实体界面也可以采取半分隔方式，如砌半墙、墙上开窗洞等，这样既界定了不同的空间，又可满足某些特定需要，避免空间之间的零交流。

②相对分隔。采用相对分隔来界定空间，可以成为一种心理暗示。这种界定方法虽然没有绝对分隔那么直接和明确，但是通过象征性同样也能达到区分两个不同空间的目的，并且比前者更具有艺术性和趣味性。

（3）引导与暗示

尽管在一个错综复杂的环境中，已经包含了多种多样的空间，但对流线仍需一些指引与提示，以达到最初设计预期。因此，在建筑空间设计当中要注重对人的行为心理研究，通过合理运用多种手法来进行人性化设计。如室外环境的台阶、楼梯与坡道等，能提示竖向空间，引出垂直的流线并对地面与顶棚进行特殊加工，可以指引人流行进方向。在一些大型公共建筑如商场、机场等地，往往有一条相对狭窄平坦的通道通向外部空间。此外，交通空间的狭窄也可以促使人流向前流动。在建筑外部空间设计上，可以根据不同的功能要求将内部与外部划分为若干个相对独立又相互联系的区域。

（4）对比与变化

两个相邻空间可以通过呈现比较明显的差异变化来体现各自的特点，让人从一个空间进入另一个空间时，产生强烈的感官刺激变化，从而获得某种效果。

高低对比：若由低矮空间进入高大空间，视野突然变得开阔，情绪为之一振，通过对比，后者就更加雄伟；反之同理。

虚实对比：由相对封闭的围合空间进入到开敞通透的空间，会使人有豁然开朗的感觉，进一步引申，可以表现为明暗的对比。

形状对比：形态各异的空间，能给人们带来迥然不同的体验。圆形、椭圆形和正方形是最常见的三种空间，而三角形却很少见到。相邻两空间在外形上存在着差异，很容易产生对比效果。两个空间形状的对比，既可表现为地面轮廓的对比，也可表现为墙面形式的对比。

方向对比：方向感是以人为中心形成的。在空间中运用方向的对比可以打破空间的单调感。

色彩对比：色彩的对比包括色相、明度、彩度以及冷暖感等。强烈的对比容易使人产生活泼、欢快的效果。微弱的对比也称微差，会使各部分协调，容易产生柔和、幽雅的效果。

（5）延伸与借景

当隔开两空间时，要自觉保持某种连通关系。如此才能使空间相互渗透，提升空间层次感，形成相互借景之效。

空间上的伸展表现在邻近空间中的开敞与渗透，其空间效果需要进行一定连续性处理才能得到。这种空间组织形式可以从不同角度出发，运用多种方法来实现。这类空间设计中常常要借助一些手段来实现空间与其他空间之间的连接。通过将门窗、洞口和空廊布置于空间某一界面，在另一个空间中自觉地摄取风景，这一技巧叫作借景。

在借景时，对空间景色要进行裁剪，美则纳之，不美则要避之。在中国古典园林之中，常采用增开门窗、洞口的方法使门窗、洞口两侧的空间互相借景。而在现代小住宅设计中常采用玻璃隔断。

（6）重复与再现

相较于对比而言，重复的艺术表现手法更突出。同一形态在空间中的不断显现，可以反映出某种节奏韵律，但用得太多，受众会出现审美疲劳或者单调的感觉，因此要恰当地使用重复。重复是再现表现手法中的一种，再现还包括相同形式的空间分散于建筑的不同部位，中间以其他形式的空间相连接，以起到强调那些相类似空间的作用。重复与再现都是处理空间统一、协调的常用手法。

（7）衔接与过渡

有时候两个相邻空间如果直接相接，会显得生硬和突兀，或者使两者之间模糊不清，这时候就需要用一个过渡空间来交代清楚。过渡空间本身不具备实际使用功能，因此要设置地自然低调，可以恰当结合一些辅助功能，如楼梯、门廊等，以起到衔接作用。

空间的过渡可以分为直接和间接两种形式。两个空间的直接联系通常以隔断或其他空间的分隔来体现，具体情况具体分析；间接联系则指在两个空间中插入第三个空间作为空间过渡的形式，如在两室之间增加过厅、前室、引室、联廊等。

（二）环境艺术设计构成空间的基本元素

首先，建筑空间与人们进行沟通的时候是作为客体来交流的，内容涵盖多个方面。建筑在视觉上的作用是通过形象来表达内容的。一方面表现为物质生存的形态，包括方位、尺寸、颜色、光线、肌理和它们之间的组织关系，这些因素都会和人们发生互动。这些因素在一定条件下可成为一个特定的符号或意象，传达某种含义。它充当了信息的媒介，给人们的行为、心理带来了影响。因此，它是人类认识世界和改造世界的产物。另一方面除空间形态等客观因素，同时也包含着表情与含义，体现的是设计者的个体与时代精神文化面貌。在现代建筑设计中，建筑空间不仅要满足人们生活的基本需要，还要体现出社会经济发展水平、人文历史等因素。此外，建筑空间在形态上也受到使用功能与手法的限制。因此，从某种意义上说，空间设计就是空间形态设计，而形态又反过来促进了空间的变化发展。形态为空间设计之根本，亦为空间设计之重点。

1. 点

首先，就环境艺术设计而言，纯"点"无形。所谓"点线面"是指构成物体形态或结构的元素，它们都具有一定的几何性质。几何学上，"点"只意味着一个位置，没有长宽厚薄的特质。在环境的设计方面，"点"作为一种客观存在的物质，它具有体积、色彩与肌理。所以说，环境设计的"点"就是人的视觉感受到的对象所呈现出来的形象。"点"这一概念，是一个相对概念，其特质与其所处空间环境和心理引导有着千丝万缕的联系。因此，对"点"的研究就成为环境艺术学科不可忽视的一个方面。"点"就是一切形式的根本，为形态上的最小单元。从本质上说，"点"不是形状而是功能。布置"点"可生成线条，"点"的积累也能生成体。因此，"点"是一个有意义的符号和信息载体，它不仅能传达事物之间的关系，而且也反映了人们对事物本身所表达出的情感态度。"点"有引起视觉注意的功能，光亮之"点"易成视觉重点。所以"点"是构成设计作品的最基本元素之一。就环境艺术设计的空间而言，"点"作为一种视觉意义上的意象，无处不在，更小的"面"或者"体"可以看作是一个"点"，它标示出空间的方位，或者让人们集中视觉，它可以看作是静态的、没有方向性的，比如室内家具、灯具、装饰陈设、植物盆栽等等。"点"是一种特殊而重要的造型要素，它们有明显的形态特征，并以其独特的艺术魅力影响着室内环境设计。无论多小的"点"都可以是视觉上以及心理上的核心。如果将"点"按其大小分为若干组，每一组又有不同数量，这样就会产生许多具有特殊含义的造型元素，从而赋予空间以更多的情感内涵。有的时候"点"过小，那么就可以多用几个"点"来搭配，加强视觉与形式的感受，"点"可按一定的规则进行排列组合，构成一个"线"或"面"。

2. 线

"线"在三维形态中的特点，不仅表现为长短、大小、粗细，而且还具有软硬、平滑或粗糙等特点。"线"有直线、曲线、折线三种最基本的表现形式。直线一般用来表达长度或面积等物理属性，而曲线拟合则可以用于描述形状变化过程。通常情况下，直线表示静止；曲线拟合则表现为运动状态变化时产生的各种形状。水平线给人一种平稳和广阔之感，而垂直线给人一种笔直向上之感，弧线则是一种优美而有力度的线条。斜线有不稳定感。在现代建筑设计中，建筑空间不仅要满足人们生活的基本需要，还要具有丰富的人文历史内涵。合理运用曲线就会让建筑呈现出动感、典雅的特点，生机勃勃，极具装饰性。弧线在视觉上则会体现出一种柔美之感，富有节奏感和韵律性，富于变化。折线则使建筑呈现出不安定感。这几种不同性质的线条在平面上组合起来就成为一个整体——立体造型。"线"的两种主要形式就是直线和曲线，形的基本元素也是直线和曲线。总之，"线"是空间形态中最基本的元素之一，是通过"点"的移动或扩展来实现，也可作为"面"的边界，能显示出方向、移动与成长的趋势。线能反映事物在时间上或地域上的发展变化以及不同时期之间存在着的差异和联系。

长线代表着某种延续性，比如河流绵延与道路绵长。短线在形式上变化多样，且能限制空间，存在着某种不确定性。在建筑环境设计中，我们常常会使用一些简单但很有意义的线来进行组织。作为特定的"点"，垂直线可以标示出空间上的方位，例如柱子和庭院灯就运用了垂直线元素。它以线条为基本元素，通过各种不同形式表现出来，并形成了丰富多彩的视觉语言。直线比曲线的表情更清晰，也更简单。因此，在表现方式上它既不像曲线那样需要通过反复变换角度才能完成，也不是由两个物体随意组合就能达到预期效果，而是直接从自然景物出发来进行设计制作。从空间组成上来看，直线形状规则而简单，充满现代气息，但是有时候显得太单调，让人觉得没有人情味。相反的，曲线则因灵活多变，富于表现力而成为重要的视觉元素。不同的曲线因其曲度、长度等方面存在差异，表现出迥异的动态变化，看起来比直线更加繁复，富于变化。所以说，曲线的表现力要强于直线。尤其是直线条空间环境下更是如此，若以曲线来破坏这种单板之感，将使得空间环境更具亲切感，显示出人性魅力。

3. 面

"面"在立体中的形态主要分为两种，即平面与曲面。在建筑设计过程中，"面"作为一种造型元素，具有独特而丰富的表现手段，它既可以使物体产生某种特殊的艺术效果，又能给人们以美的享受。形态各异的"面"，给人不一样的视觉感受。从美学角度来说，平面与曲面是相对的关系。平面简单而硬朗，曲面丰满而灵动。在平面设计中，平面与曲面的相互转化是一个非常重要的问题。曲面也可以划分为几何曲面与自由曲面，几何曲面有着合理的性格特征，自由曲面更充满生命力。就三维造型而言，合理运用平面与曲面之间的反差，能增强空间表现力。地面、顶面与墙面是最常见的"面"，由于它们具有不同的形状特征及表面特性，因而对环境有着截然不同的影响。平面与曲面构成了一个复杂的整体空间——建筑环境，它们共同组成了我们这个时代的基本景观形态。墙面既可以是虚的，也可以是实的，在视觉上能限定、围合空间。另外，曲面装饰手法被广泛地运用到室内设计之中。与直面限定性相比，曲面是限制或分割空间的要素，更具弹性，充满活力，给空间以流动感，方向感鲜明。在某些室内环境的设计上，曲面造型同样可以吸引人们的注意。

4.体

"体"在几何学上，就是"面"所运动的轨迹的集合。在设计上，要从人的生理学、心理学出发，选择适宜于人体生活特征的造型形式来进行设计。从立体形态上看，"体"的属性有重量和力量等。三维造型中，"体"能很好地表现体量感，能够有效展现空间立体。"体"可分规则体与不规则体，是用"面"围成的。这些"体"具有准确的数理结构与严谨的逻辑性，给人一种简洁沉稳的感觉。

自然界到处可见不规则的形体，例如流线形体、自由曲面回旋体等。给人一种亲切感和自然感。可从建筑和室内设计两个方面来探讨"体"与室内空间之间的关系。"体"在空间环境中，决定于空间环境规模。从整体上讲，"体"表现出一种统一协调感和空间性，它既能满足人对物质生活的需求又符合美学要求。

在环境艺术设计中，空间形态通过视觉形态特点表现，它是由空间限定要素所构成的接口围合成一体。在一定程度上来说，界面对人们的影响最为直接，它决定着空间造型、色彩和质感等各方面元素之间的关系，也决定着人与外界环境交流的方式及效果。由各种形状和尺度界面组成的空间，因其形的改变，能给人们带来不一样的视觉与心理感受。因此，在室内设计中，对各种形式的空间形态的研究与处理就显得尤为重要。不论室内空间环境设计，还是室外空间环境设计，要针对空间形态进行把握与定位，设计师们都必须根据人类活动的尺度、空间使用类型来合理选择材料结构，综合考量人们的审美习惯和行为心理。因此，在具体的空间造型中，必须考虑到人们对色彩、质感、光影、线条等多种元素的要求。从某种意义上讲，环境艺术的空间设计就是环境艺术的空间形态设计。

（三）环境艺术设计空间构成因素的价值

1.空间环境设计时考虑的重要条件

社会以人为中心。社会最复杂的因素就是由人的因素所构成。人类作为一个物种，具有自身独特的认知，还具有各种生理与心理因素。作为文化形态的人在精神层面上的各种意识活动体现了思维观、辩证观、审美观、宗教观、文化观、民俗观、伦理观、价值观等等各种思想因素。

当今时代的人们享受着高新技术带来的乐趣，对于原始生活情调更是有着强烈的爱好。面对信息时代的快节奏生活，人们长时间处于紧张状态，承受着巨大的工作压力，更想寻求一个舒适的空间，放松身心。随着科学技术日新月异的发展和信息传递方式的改变，人们在追求现代化物质文明的同时，更加渴望得到一种精神享受与心灵慰藉。不管社会物质再富足、再发达，人类的能动性在活动过程中均能产生各种游离于社会物质组成之外的要素。从这些要素中，如实地体现了人的这种因素所具有的复杂属性。这种现象就是人的主体意识与客观世界不断发生矛盾冲突的结果。从中也体现了人类的需要总是应变在时代之中，对空间环境的要求越来越高。因此，从一个新角度——"主体"出发，重新审视空间环境与人们之间的关系就显得尤为重要了。因此，从某种意义上讲，空间环境问题是现代人类生存与生活方式所面临的重大挑战之一。从这里不难看出，主导思路是以空间环境为目标进行再开发。

人类想要具备超前思考的意识，必须从生活中的一点一滴中收集人在社会发展过程中的真实状态与需求，将人类因素放在首要位置。空间环境设计作为一种特殊形式的文化形态，它是在对传统文化和外来文化进行吸收借鉴后形成的具有独特风格的产物。只有关注生活中的最真实、最普遍的人类因素，才能及时跟上空间环境设计发展趋势。在进行空间环境设计时，综合考量收集到的回馈信息。总之，建筑空间开发的核心要素就是人的因素。

2.功能是空间环境设计的初始要素也是空间环境设计的最终目标

首先，支持空间环境组成的基本元素，就是空间环境功能。物质构成基本价值由空间环境中特定的物质功能水平所决定。空间环境设计不是简单地按照某种生物模式进行活动的有机体，而是一种具有一定结构和功能的生命体。从空间环境系统的组成来看，物质功能形态价值，需要通过对空间进行功能定位来确定。

其次，在空间环境设计中，空间功能要素定位具有纲领性意义。其决定了建筑产品在市场竞争中所处的卖点，也决定了特定社会消费需求是否得到满足。以"城市—人"这一基本关系为出发点，提出了一种基于功能要素与场所精神相融合的空间设计方法。功能要素一旦建立于空间构成之中，就会构成空间环境设计表达的核心要素，核心功能表现点的确立必须通过对空间组成要素进行改造。

最后，如果以直观的方式，空间环境的核心功能很难立即呈现。想要在空间构成中得到全方位体现以及感观的表达，必须借助与人们接触的多方面载体。因此在空间环境设计中应该考虑到用户需求，把产品真正融入到用户的生活中来。一个不知能以何种方式开启的箱子，里面隐藏着的核心功能不管多么高级，人难以得到好处，也就没有好感了。因此在空间设计中如何突出主体功能区就成为首要问题。以恰当的设计语言，突出内在功能特性，就是对冷冰冰的物质属性赋予人性化的"体温"，提升其亲切感。

3. 空间环境设计中的基本因素

首先，空间设计应充满人文因素。人文内涵可以从空间环境组成的各个要素上得到具体反映。因此，研究和认识空间环境的物质功能及其与其他要素之间的关系，对于科学地进行空间规划、设计和建设具有重要意义。良好的空间设计，其系统构成也是出色的，由此反映出不同层次的人文表现价值。结合实例来探讨如何更好地把握空间设计与人文精神之间的关系，并通过分析总结得出一些有益结论。空间环境设计应充分考虑不同文化背景，由此可以发掘出更为丰富的形象元素来加深表达，在各种文化的支持下进行空间设计，为人类创造出更多辉煌的物质和文化实体。只有充分挖掘与利用这些资源才能更好地实现"以人为本"的现代设计理念。设计不应该将文化作为一种增加身价的点缀，仅仅止步于传统对文化符号的套用，要能立于高处，了解前人文化创造情况，看前辈文化行为的历史必然性，透过文化现象，去体验过去时代创造者对世界的认识。

其次，从事空间环境设计工作，应从环境空间的构成链中综合出击，打造一体化设计观与评价观，需要聚合功能、形态、人机与人文等因素，以此来协调时代背景中环境空间的创新发展。空间环境是一个复杂而又特殊的空间场所，其空间组织形式多种多样。设计师要熟练把握环境空间设计中各构成要素，厘清各要素对环境空间设计的影响，并能在设计实践中得到应用与展示。

（四）环境艺术设计中的视觉元素运用

随着我国社会的不断进步和经济的不断发展，我国人民对日常的生活环境的要求越来越高。目前，很多的建筑室内与室外的设计兼具艺术感和实用性，其中，众多视觉元素的运用，给设计增添了很多的色彩。合理地利用视觉元素在环境艺术的设计中是十分重要的，它是整个环境设计的关键。

在生活质量不断提高的今天，人们也更加关注生活环境。这对空间环境设计是一个更大的挑战，设计师不仅要满足受众生理上的安逸，也要在设计中融入多种元素为人们提供视觉精神享受。因此，就环境艺术而言，设计的等级与层次与视觉元素的合理运用息息相关。它是一个设计师综合素质的体现，也是设计师思想情感的反映。对充实整体设计的内涵，表现出强烈的艺术感。因此，针对环境艺术设计中的视觉性展开了分析与探究，并提出相应的建议措施，以期能够更好地促进现代环境艺术设计工作的开展。结合自己多年研究经验，剖析环境艺术设计视觉元素，希望能够为设计艺术发展提供一定的帮助。

1.视觉元素对环境艺术设计的重要作用

随着生活质量的不断提高，人民对精神层面的追求越来越高，最主要的体现就是在居住环境的方面，不单单要求居住的舒适，更加提倡环境的艺术设计的精美，而要达到良好的体验，视觉元素的运用是必不可少的，视觉元素给人带来的美感能够让我们的精神愉悦，通过视觉信息我们能够深入艺术作品的内在，体会它的内涵。在人类的众多感觉器官中，视觉是最形象的，少量的视觉元素可以表达的信息量可不少，能够跟人们传递出很多东西，除了这些，设计师们通过环境艺术的设计来表达他们的情怀，传递出整个艺术设计的独特韵味，同时，还能够体现一个国家和民族的艺术素养，这些都是通过视觉元素的演绎而表现出来的。视觉元素通过色彩、形状和立体感以及光影变化，将整个环境融为一个有机的整体，给环境的整体视觉效果带来了质的飞跃。环境艺术设计通过对视觉等元素的处理，将环境中各个部分的管理处理得非常协调，带给每个人心灵的冲击和视觉的享受，真正艺术品的作用正是这样。

2. 视觉元素的运用

（1）自然视觉元素的运用

自然的美丽雄壮是最能够打动人心的，包含了丰富多彩的视觉元素，是视觉元素产生的源泉。目前，我国的环境艺术设计中，主要的视觉元素的提取和运用就来源于大自然。我国民众最为欢迎的就是自然视觉元素的引入，因为随着钢筋混凝土的现代工业不断发展，人民对大自然的美的渴望以及和自然和谐相处的意愿越来越浓，这就对自然视觉元素的需求越来越大，所以，目前的环境艺术设计中，自然视觉元素的运用十分广泛，它在整个环境中起到了润物细无声的作用，将自然的美感和创造力发挥到了极致，体现出了环境艺术设计的张力和力量。例如，在屋顶的艺术设计中，引入自然视觉元素，让屋顶的整个环境变成了一个自然的空中花园，给人带来了极大的视觉享受和精神上的愉悦。

（2）人文视觉元素的运用

相较于自然视觉元素，人文视觉元素在我国环境艺术设计中的应用也同样的广泛，我国是古代的四大文明古国，浩浩汤汤的五千年文明历史给我国带来了深厚的人文积淀。所以，在环境艺术的设计当中，我们对人文视觉元素的应用是十分广泛的。人文视觉元素主要包括文艺、历史等范畴中的一些文化现象，在环境艺术设计中，应用人文的视觉元素对于提升整个建筑环境的人文情怀和文化内涵是有很大的帮助的，同时，对我们的日常生活中的情操的陶冶也有非常重要的作用。

3. 视觉元素的运用方式

（1）描摹仿生

这种运用方式常见于自然视觉元素的应用，这种方法是最直接的借鉴事物的形态和美感的方法，对于大自然的视觉元素的真实还原给人以更加真实的美感，这种视觉元素的运用方式最常见的就是波普建筑的风格，同时，在空间布局的细节上也有用到。

（2）夸张变形

夸张变形的视觉元素运用模式能给人以巨大的视觉冲击力，更好地突出视觉元素的特征，它赋予了整个环境的特色和风格，将视觉元素的美感发挥得淋漓尽致。万变不离其宗，人们不能接受脱离客观事实的环境空间，所以夸张变形必须建立在对视觉形态本质特征准确解析的基础上。除了这两种视觉元素的运用方式，还有归纳化简、打散重组等方式，对于视觉元素的运用都有很好的作用。

二、环境艺术设计中的色彩

（一）色彩的种类

色彩分为无彩色和有彩色两大类。无彩色包括黑色、白色和灰色。从光的色谱上见不到这三种色彩，色彩学上称之为黑白系列。然而在心理学上它们却有着完整的色彩性质，在色彩体系中扮演着重要的角色，在颜料中也有其重要的任务，如当一种颜料混入白色后，会显得明亮；相反，混入黑色后就显得比较深暗；而加入黑与白混合的灰色时，将失去原有的色彩。有彩色是指光谱上显现出的红、橙、黄、绿、蓝、紫等色彩，以及它们之间调和的色彩（其中还包括由纯度和明度的变化形成的各种色彩）。

（二）色彩的属性

1. 色彩体系

国际上色彩体系有多种，主要有美国蒙赛尔色系、德国奥斯特瓦尔德色系和日本色彩研究所色系等。

蒙氏色系是 1912 年由美国色彩学家、画家蒙赛尔（Munsel）首先发表的原创性独特色彩体系。该色系将色彩属性定为三要素（色相、明度和纯度），二体系（有彩色系、无彩色系），一立体（不规则球状色立体），同时又给三要素做出了相应的定量标准。

1915 年，蒙赛尔发表了第一本完整的《蒙赛尔色谱》，共有 40 色相、1150个颜色。后经美国光学会和国际照明委员会标准的研究认定，被广泛地应用于国际产业界和设计界。蒙赛尔色系在色彩命名的精确性、色彩管理的科学性和色彩应用的便捷性等方面，具有权威和普遍意义，这个举世瞩目的科学成就为人类做出了杰出的贡献。

2. 色立体

蒙赛尔色立体是根据色彩三要素之间的变化关系，借助三维空间，通过旋转直角坐标的方法，形成的一个类似球状的立体模型。模型的结构与地球仪的结构类似，连接南北两极，贯穿中西的轴为明度标轴，北极是白色，南极是黑色，北半球是明色系，南半球是暗色系。色相环在赤道上，色相环上的点到中心轴的垂直线表示纯度系列标准，越靠近中心纯度越低，球中心为正灰色。色立体纵剖面形成了等色相面，横剖面形成了等明度面。

3. 色彩三要素

（1）色相

色彩表示出了纯净鲜艳的可视光谱色（俗称彩虹色），它是色彩的根本要素，也可以说是色彩的原材料，在各色相色中分别调入不同量的黑、白和灰色，可以得到世界上所有存在的色彩。

蒙赛尔色立体中的色相环由10个基本色相组成，即红（R）、黄红（YR）、黄（Y）、黄绿（GY）、绿（G）、蓝绿（BG）、蓝（B）、蓝紫（PB）、紫（P）、红紫（RP）。每个基本色相又各自划分成了10个等分级。由此形成了100色相环。

另外，还有把每个基本色相划分成2.5、5、7.5、10四个等分色相编号（其中5为标准色相的标号，如5R为标准红色相，5BG为标准蓝绿色相等），构成了40色相环。自2.5R、5R、7.5R……7.5RP至10RP止。色相环上通过圆心直径两端的一对色相色构成互补关系，如5R与5BG、5Y与5PB、5B与5YR等。

为了使用方便，还有简化的20色相环，即每个基本色相仅取5、10这两个等分编号，自5R、10R、5YR、10YR……5RP至10RP止。

除此而外，还有其他色彩体系的色相环，常用的如6色相环、12色相环、24色相环等。①

（2）明度

明度又称光度、亮度等，指色彩的明暗、深浅差异程度。明度能体现物象的主体感、空间感和层次感，所以也是色彩很重要的元素。蒙赛尔色立体中心轴为"黑—灰—白"的明度等差系列色标，以此作为有彩色系各色的明度标尺。

---

① 李永慧 . 环境艺术与艺术设计 [M]. 长春：吉林出版集团股份有限公司，2019.

黑色明度最低，为 0 级，以 BL 标志；白色明度最高，为 10 级，以 w 为标志；中间 1~9 级为等差明度的深、中和浅灰色，总共 11 个等差明度级数。

色相环上的各色相明度都不同，黄色相的明度最高为 8 级，蓝紫色相的明度最低为 3 级，其他色相的明度都介于这两者之间。

另外，色彩的明度还有可变性。同样深浅的色彩，在强光下显得较浅，在弱光下显得较暗。在各种色相的色中加入不同比例的白或黑色，也会改变其明度。例如，红色相原来属于中等明度，调入白色后变成了粉红色，明度提高了；调入黑色后成为枣红色，则明度降低了。

（3）纯度

纯度又称彩度、艳度、饱和度、灰度等，指色彩的纯净、鲜艳差异程度。

色彩的纯度相对比较含蓄、隐蔽，是色彩的另一重要元素。蒙赛尔色立体自中心轴至表层的横向水平线构成了纯度色标，以渐增的等间隔均分成了若干纯度等级，其中 5R 的纯度是 14，为最高级，而其补色相 5BG 是 8，为最低级，其他所有色相的纯度都介于两者之间。

在标准色相色中调入白色，明度提高，纯度下降；调入灰色，则纯度也下降；调人黑色明度降低，纯度也降低。色相色中含无彩色越少，越鲜艳，称高纯度色；含无彩色（特别是灰黑色）越多，则越浑浊，称低纯度色，也称浊色。

（三）色彩的原理

1. 光与色

有光才有色，光色并存。这早在古希腊时代，就已被大哲学家亚里士多德所察觉，但真正揭示这个奥秘本质的，应首推英国的大物理学家牛顿，他在实验中，通过三棱镜将日光分解成了红、橙、黄、绿、蓝、紫六种不同波长的单色光。人眼对色彩的视觉感受离不开光。可见光波长在 380~780nm 之间，波长长于 780nm 的电磁波称为红外线，波长短于 380nm 的电磁波称为紫外线。[1]

2. 物体色

大自然的奇妙令人惊叹，无数种物体形态五花八门、千变万化，物性大相径

---

① 李永慧 . 环境艺术与艺术设计 [M]. 长春：吉林出版集团股份有限公司，2019.

庭、迥然不同。它们本身大都不会发光，但对色光却都具有选择性的吸收、反射和透射的能力。例如，太阳光照在树叶上，它只反射绿色光，而其他色光都被吸收，人们通过眼睛、视神经和大脑反应可以感觉到树叶是绿色的。与此同理，棉花反射了所有的色光而呈白色，黑纸吸收了所有的色光而成黑色。但是，自然界实际上并不存在绝对的黑色与白色，因为任何物体不可能对光作全反射或全吸收。

另外，物体表面的肌理状态也直接影响着它们对色光的反射、吸收和透射能力。表面光滑细腻、平整的物体，如玻璃、镜面、水墨石面、抛光金属、织物等，反射能力较强；表面凹凸、粗糙、疏松的物体，如呢绒、麻织物、磨砂玻璃、海绵等，反射能力较弱，因此它们易使光线产生漫反射现象。

（四）色彩的配色关系

1. 色彩对比

两种色彩并置在一起时，相互之间就会有差异，就会产生对比。色彩有了对比，才更会显得丰富。色彩搭配不但可以根据其不同属性进行对比分类，还可以进行以下各类对比，产生独特的效果。色彩在形象上的对比，有面积对比、位置对比和肌理对比等；色彩在心理上的对比有冷暖对比、干湿对比和厚薄对比等；色彩在构成形式上的对比有连续对比、同时对比等。

一种色彩与其他色彩同时进行比较时，不但展现了自己的审美价值，同时也形成了色彩的对比组合之美。在这个意义上，要掌握色彩美的视觉规律，就必须去认识色彩情感效果的千变万化，研究色彩对比的特殊性，认识对比色彩的特殊个性，进而创造出具有独特效果的色彩组合设计。

（1）明度对比

明度对比是色彩明暗程度的对比。进行单纯的明度对比时，可以通过选择一个标准的灰度加黑加白来实现，调制出的序列通常可以分为9个阶段。以每3个阶段作为一组，可以定出三类明度基调：低明度基调（以相邻的3个低明度色阶为主）产生出的色彩构成厚重、强硬刚毅，具有神秘感，但也较为阴暗，易使人产生悲观的情绪；中明度基调（3个位于中间的中明度色阶为主）构成效果朴素、安静，但同时也因为平和易产生困倦与乏味；高明度基调（3个高明度色阶为主）特点为亮丽、清爽，可以使人感受到愉悦，而且不易产生视觉疲劳。

不同明度色阶的构成还可以形成明度不同级差的对比。明度差在3级以内可以构成明度弱对比，称为短调，效果柔和平稳；在5级以内构成明度中对比，称为中调，效果平均中庸；在5级以上则构成明度强对比，称为长调，表现出的体积感和力量都很强。

明度基调与明度对比相结合可以形成明度的9大调：高长调、高中调、高短调、中长调、中中调、中短调、低长调、低中调、低短调。表现效果各有特点，应结合具体环境而定。

（2）色相对比

由色相的差异形成的对比即是色相对比。可以利用色相环来研究这种对比关系。在色相环中，运用相距角度在15°以内的色彩（如红色与红橙色）形成的色相对比为同类色对比，可以产生柔和、含蓄的视觉感受；相距角度在30°的色彩（如红色与橙色）形成的对比为类似色对比，构成效果和谐统一，在设计中最为常用；相距角度在60°至90°（如红色与黄橙色）的色彩对比为邻近色对比，表现效果同一、活泼；相距角度在120°（如红色与黄色）的色彩对比称为对比色对比，效果丰富、鲜明、饱满、华丽，在设计中常用于商业空间娱乐空间等环境中；180°位置（如红色与绿色）的色彩对比则是互补色对比，视觉感受刺激、强烈，大面积使用容易使整体空间环境不和谐。

在实际设计中，色相对比并非套用理论，只要懂得了构成的规律，就完全可以灵活应用。一般根据具体空间环境的表现需要，确定主体色彩和与之相协调的配色。

（3）纯度对比

因纯度差别而形成的色彩对比称为纯度对比。在色立体中，接近纯色的部分称为鲜色，接近黑白轴的部分称为灰色，它们之间的部分称为中间色。这样就构成了色彩纯度的三个层次。纯度对比分纯度弱对比、纯度中对比、纯度强对比。

在通常情况下，纯度的弱对比纯度差较小，视觉效果较差，形象的清晰度较弱，色彩的搭配呈现出灰、脏的效果。因此，在使用时应进行适当调整。纯度的中对比关系虽然仍不失含糊、朦胧的色彩效果，但它却具有统一、和谐而又有变化的特点。色彩的个性比较鲜明突出，但适中柔和。纯度的强对比效果十分鲜明，鲜的更鲜，浊的更浊。色彩显得饱和，生动。对比明显，容易引起注意。

由不同纯度构成的对比形成色彩的纯度对比可以分为三类基调：低纯度基调构成的空间环境暗淡、消极，没有很强的吸引力；中纯度基调构成的整体空间环境纯度关系体验较为舒适、自然；高纯度基调构成的整体环境色彩艳丽，有很强的视觉冲击力，容易成为空间的色彩重心。

学习色彩对比是为了在空间环境中更好地营造和谐的色彩氛围。优秀的色彩对比关系绝不会使空间中各种物质实体产生对立，而是会通过对比使空间更加富有视觉层次感，使主次关系进一步拉大，空间关系更加深远，从而在对比中产生一种平衡的和谐。

2. 色彩混合

（1）加色混合

加色混合即色光混合，也称第一混合。其特点是当不同的色光混合在一起时，能产生新的色光，混合的色光越多，明度就越高。将红（橙）、绿、蓝（紫）三种色光分别做适当比例的混合可以得到其他所有的色光。但其他色光却混合不出这三种色光，所以称为色光的三原色，也称第一次色。红（橙）与蓝（紫）混合成品红，红（橙）与绿混合成柠檬黄，蓝（紫）与绿混合成湖蓝，称为色光的三间色，也称第二次色。如用它们与其他色光混合，可得更多的色光，乃至整个光谱色。三原色相混成白光，当不同色相的两色光相混合成白光时，双方称为互补色光。

（2）减色混合

减色混合即色料混合，也称第二混合。色料包括颜料、染料、油漆、墨水等。

有许多种类和新材料能在阳光和灯光下反射或吸收一些颜色的光，从而形成人们观察到的不同颜色的感觉。它的特性正好与加色混合相反。混合色不仅会改变色调，还会降低亮度和纯度。颜料种类越多，颜色越暗、越浑浊，最后变成近乎黑色。

色料的三原色为品红、柠檬黄、湖蓝（是色光的三间色）。一切色彩都是由它们按不同比例混合而成的，而这三种原色是其他色彩混合不出的，所以也称第一次色，它们相混后理论上成为黑色（实为黑灰色）。不同色相的两色料相混合成黑灰色时，双方称为互补色彩，如橙与蓝、黄与蓝紫、红与蓝绿等色。

三原色中两种不同的色彩相混合，所得的三种色彩称为间色，也称第二次色。

它们是品红与柠檬黄混合成红（橙）色，柠檬黄与湖蓝混合成绿色，品红与湖蓝混合成蓝（紫）色。两间色相混合可得含灰的复色，也称第三次色。如红（橙）与绿混合成黄棕色，绿与蓝（紫）色混合成橄榄色，蓝（紫）与红（橙）混合成咖啡色。

（3）空间混合

空间混合也称中性混合、中间混合或第三混合。将两种对比强烈的高纯度色并置在一起，在一定的空间距离外，通过反射能在人眼中形成另一色（含灰）的效果。这与两色直接相混合的感觉不同，明度显然要高。因此色彩效果富有颤动感，显得丰富、明亮。例如，西方后期印象派大师梵·高的点彩油画作品，彩色印刷三原色的网点制版（CMYK）等，都是巧妙应用色彩空间混合的实例。

色彩空间混合效果的产生，必须具备如下条件：

①对比各方色彩相对纯度较高，色相对比较强。

②并置、穿插或交叉的色彩面积相对要小，要呈密集状。

③观察者与色彩之间要有足够的视觉空间距离。

3. 色彩调和

完善空间环境的色彩关系，除掌握色彩对比的构成变化规律外，色彩调和也是必不可少的，这是影响色彩和谐关系的重要方面。色彩调和是指在两个或两个以上色彩之间通过一定的调整方式，使其组织构成具有符合人们创造目的的、均衡的状态。色彩调和具有两方面的意义：一是让凌乱的色彩关系进行有条理的安排，让原来不相配的色彩具有秩序性；二是色彩之间的调和能够消除生硬现象。色彩调和经过广泛而长期的实践，有很多行之有效的方法，非常具有实用价值。常用的有以下几类。

（1）同一调和

当色彩搭配对比太刺激、太生、太火、太弱时，可以通过增加各色的同一因素，也就是共性因素，使情况得以缓解，这就是同一调和。

单性同一调和。单性同一调和包括：同明度调和，即具有相同明度，不同色相与纯度的色彩构成，效果典雅；同色相调和，使用色相相同，明度与纯度不同的色彩组成搭配，统一感强烈，但缺少动感；同纯度调和，使用具有相同纯度，不同色相与明度的色彩构成，但需注意的是这种调和以低纯度为依据，互补色不包括其中。

双性同一调和。以三要素中的两种为依据进行的调和也可以产生色彩和谐的效果，包括同一色相、同一明度调和，同一色相、同一纯度调和，还有同一明度、同一纯度调和。①

（2）近似调和

选择很接近的色彩进行组合，或者缩小色彩三要素之间的差为类似调和，也称为近似调和。它能够比同一调和产生更为多样的变化。近似调和包括以下几种。

单性近似。在色彩三要素中，某一种性质比较相似，将其他两种进行调和。

双性近似。在色彩三要素中，两种性质比较相似，另一要素将相邻的系列调和。

三性近似。色彩三要素近似，以某一色彩为中心的邻近色进行对比组合效果。

（3）秩序调和

将原本具有强烈视觉刺激性或者表现性很弱的色彩组合按照一定的次序进行排列，使它们之间的关系变得柔和的方式就是秩序调和。秩序感可以为视觉带来平稳感，是控制色彩表现效果的有效方式。

（4）隔离调和

通常，无彩色或金银光泽色的加入（描绘出边线或者面）可以缓和色彩间不和谐的关系，这种隔离的方式称为隔离调和。它可以在调和色彩构成关系的同时增加色彩的丰富性。

此外，还有面积悬殊调和（通过调整构成色彩的面积搭配进行调和）；聚散调和（使搭配不协调的色彩分散以及组合位置调和和通过位置的重新调整使色彩调和）等。

每个人对于色彩的感觉均有一定的差别，所以色彩调和的结果是相对的，不是绝对的。为了使大部分使用者都能够认同，色彩环境的设计应该从整体出发，避免限于对局部的处理。色彩调和的最终目的是追求色彩环境构成的和谐效果。

① 李永慧 . 环境艺术与艺术设计 [M]. 长春 : 吉林出版集团股份有限公司，2019.

在实际中，其规律与方法不是一成不变、生搬硬套的。应该多总结优秀设计作品的优点，体会并吸收它们在色彩构成方面的经验。

（五）色彩的视觉心理

1. 色彩的心理联想

世上存在的无数色彩本身并无冷、暖的温差之别，更无高贵、低贱之分。

这些感觉无非都是色光信息作用于人的眼睛，再通过视神经传达至大脑，然后与他们以往的生活经验引起共鸣，产生了相应的各种联想，从而最终形成了对色彩的主观意识与心理感受。

色彩联想带有情绪性和主观性，容易受到观察者各种客观条件的影响，特别是与生活经验（包括直接经验、间接经验）的关系最为密切。人们"见色思物"，马上会联想到自然界、生活中某些相应或相似物体的外表色彩。例如，看到紫色很容易联想起葡萄、茄子和丁香花等物；见到白色会联想起雪花、棉花和白猫等物。这种联想往往都是初级的、具象的、表面的、物质的。另外，从色彩的命名如柠檬黄、玫瑰红、橘红、天蓝、煤黑等色也可见一斑。由于成人见多识广，生活经验丰富，因此联想的范围要比儿童广泛得多。

2. 色彩的心理感觉

色彩的心理感觉是一种高级的、抽象的、精神的、内在的联想，带有很大的象征性。古人总结的所谓"外师造化（客观色彩），中得心源（主观感觉）"就是这个意思。因此只有成年人才能有这样的思维活动。例如，小孩见到灰色，最多联想到老鼠、垃圾等脏东西，明显表示不喜欢。但绝对不可能联想或感觉到高雅、绝望等抽象词义，因为在他们幼小，单纯的心灵里面，根本就不具备这些"多愁善感"的复杂思维。

成人对客观色彩除了有共同感觉以外，还会因个人的民族、宗教、性格、文化、职业处境等不同条件而形成千差万别的主观个性感觉。同时，色彩还有情随事迁的移情作用。另外，色彩的联想与感情不仅限于视觉，还与听觉、味觉和嗅觉也有一定的联系。

（六）环境艺术的色彩设计

1.色彩设计的要求

（1）空间的使用功能

不同使用功能的空间对色彩具有不同的要求。例如，在美术馆入口的水池上以莫奈的名画作为池底的装饰图案，不仅符合使用功能，还提供了与水结合的色彩效果。

（2）空间的形式、尺度和大小

色彩可以根据不同空间的形式，尺度和大小进行强调或减弱。进行色彩设计还要考虑到周围环境。

（3）空间的使用者

不同性别、年龄、职业、背景的使用者对环境色彩的要求各不相同。

2.色彩设计的方法

（1）确定主色调

环境空间色彩应该存在主调，环境的气氛和风格都通过主调来体现。大规模的环境空间，其主调应该体现在整个环境中，并在此基础上进行适当的局部变化。环境空间的主调应该与环境主体相协调，需要在众多的色彩设计方案中进行选择。因此，以什么为背景、重点和主体等，是色彩设计时应该考虑的问题。

（2）色彩的协调统一

主调确定后，需要考虑各种色彩的部位和分配比例。通常情况下，主色调占有较大的面积，次色调占的面积较小。色彩的协调统一还可以通过限定材料来实现，如选择材质相同的织物、木材等。

（3）加强色彩的魅力

主体色、背景色以及强调色三者之间的关系是相互关联、相互影响的，要体现出明确的视觉关系和层次关系。可以通过以下几种方法来加强色彩的魅力。

①反复使用，提高色彩之间的联系程度，让其成为控制整个环境的关键色，获得相互呼应的效果。

②根据一定的规律布置色彩，以形成韵律感。色彩的韵律感不一定要大面积使用，可以运用在邻近位置的物体上，提高物体之间的内聚力。

③视觉很容易集中在对比色上。可以通过色彩对比让颜色本身的特性更加鲜明，加强色彩的表现力。

3. 色彩设计的规律

（1）明度、彩度

顶棚宜采用高明度、低彩度；地面采用低明度、中彩度；墙面宜采用中间色构成。

（2）色彩的面积效果

尽量不用高明度、高彩度的基色系统构成大面积色彩。

色彩的明度、彩度都相同，但因面积大小不同而效果不同。大面积色彩比小面积色彩的明度和彩度值看起来都要高。因此用小的色标去确定大面积墙的色彩时，可能会造成明度和彩度过高的现象。使用大面积色彩时应适当降低其明度与彩度。

（3）色彩的识认性

色彩有时在远处可看清楚，而在近处却模糊不清，这是受到了背景色的影响。清楚可辨认的颜色叫识认度高的色，反之则叫作识认度低的色。识认度在底色和图形色差别大时增高，特别是在明度差别大时更会增高，以及会受到当时照明情况和图形大小的影响。相同距离下观看，有的颜色比实际距离看起来近（前进色）；而有的颜色则看起来比实际距离远（后退色）。

一般来说，暖色进出、膨胀的倾向较强，是前进色，冷色后退、收缩的倾向较强，是后退色；明亮色为前进色，暗色为后退色；彩度高的颜色为前进色，彩度低的颜色为后退色。

（七）环境艺术色彩设计的表现特征

1. 色彩的功能性与审美性的统一

环境艺术中色彩的功能性体现在多方面，有以突出环境特定的使用价值为目的的色彩使用功能，如环境艺术设计中有的色彩显现空间的宽阔（如白色与蓝色），有的色彩显现环境的舒适幽雅、安静典丽（红色与玫瑰色）。医院的肃静、商场的繁华都是由不同的色彩设计来引起人们不同的心理反应的。这些色彩大多体现了它的形象功能，呼应了人们心理的需要。这是色彩的功能性特征。但色彩的功能性特征往往是和色彩的审美功能紧紧结合在一起的，色彩的功能性与审美性的统一，才是环境艺术色彩设计的最高境界。环境艺术色彩设计的个性化表现不仅应满足功能性需要，而且更应满足现代人追求舒适、轻松、幽雅等环境美感的需求。

2. 色彩的诉求与情感需求的统一

成功的环境艺术色彩设计，在于积极地利用有针对性的诉求，通过色彩的表现，加强所需传播的信息，并与人们的情感需求进行沟通协调，使人们与环境和谐，产生美的享受之感。色彩诉求与情感需求获得平衡，往往是人们安于环境、享受环境的前提。

3. 传统的色彩文化与当下环境色彩的统一

中国传统色彩文化建立在人文学科的基础上，艺术作品注重传神韵味的内心体验，崇尚平淡自然、朴素幽深的意境。个性化环境艺术设计应表现出本土传统色彩与环境色彩的相辅相成。香港著名设计师靳埭强不仅有一流的现代设计意识和头脑，而且在他的设计中加入了许多中国本土化的内容，如水墨文化、儒家文化，使设计作品具有空灵、淡泊的东方水墨意境。

4. 设计师的思维与普通人心理的统一

设计是为他人服务的活动。设计令人们更满意，一方面设计师通过与服务对象进行沟通，反馈服务对象信息；另一方面设计师本身也应从服务对象的心理角度来引导设计思维，从而达到设计物与服务对象的协调。

（八）色彩应用于环境艺术设计时的性质分析

当色彩应用于环境艺术设计的时候，是有一些独有的特性的。接下来，简要介绍一下色彩应用与环境艺术设计的性质方面的相关内容。

1. 物理性

不同的事物的物理特性是不同的，色彩在环境艺术设计中的应用也有属于自己的物理特性。它的特性主要包含四方面。具体内容如下：

（1）温度感

温度感想必大家并不陌生，所谓的温度感就是指色彩应用于环境艺术设计时给人的情感感受。大家都知道，色彩是分为冷色和暖色等许多方面的。应用不同的色调给人的感受是不同的，这就是色彩的温度感。

（2）重量感

大家或许对这方面不是很了解，举个简单的例子，用白色绘画出的白云自然而然给人以轻盈的感觉。

（3）体量感

体量感主要是指整个设计的比例协调方面的内容。

（4）距离感

在进行环境艺术的设计的时候，许多时候是要使画面之间的不同事物给人的视觉感受是存在一定的距离的，这样会给人们一定的距离感，这就是色彩在环境艺术设计中的距离感特性，这样的特性给人的视觉感受最为强烈。

2. 地域性

色彩在环境艺术设计中应用的第二个性质就是地域性，这里所说的地域性并不难理解。我们都知道，世界上没有两个完全相同的事物，也不会存在真正意义上的两个完全相同的设计，不同的时间、不同的地点、不同的环境、不同的人设计出来的事物都是不同的。色彩在环境艺术设计中的应用也是如此，是存在一定的地域性的。也就是说，色彩在环境艺术设计中的应用是要与周围的地理环境、人文环境相匹配的，这样才不会突兀。此外，色彩在环境艺术设计中的地域性也从侧面使得，色彩在环境艺术设计的不可重复性中相互之间可以借鉴，但是不可能做到相同。

3. 联想性

色彩在环境艺术设计中的应用，最重要的就是要具有联想性。真正意义上的作品以及那么大师们的作品都是含蓄的，不会直接在画中表现出透彻的情感，而是习惯于给观赏者一定的想象空间，让人们自由地去发挥自己的想象去联想这一切。这样的设计不会强加给观赏者某种感情或者意境，而是单单去营造一定的氛围，使得观赏者在这样的氛围中，结合自身的生活处境和经历去感受、去思考，去获得属于自己的心灵体会。正是联想性的存在，才会给观赏者一定的思考空间、一定的感受空间。色彩在环境艺术设计中的应用也是需要这样的联想性的，这样的联想性会使得环境艺术的设计上升到一定的层次中。

4. 色适应性

色彩在环境艺术设计中的最后也是最主要的性质就是色适应性。什么是色适应性呢？给大家举个简单的例子吧，如果设计者想要运用色彩来表现出葬礼的悲伤和庄严肃穆的话，那么设计者在进行设计时，多半会选择一些冷色调的颜色，如用强烈的黑白对比去凸显那种悲伤，或者用刺激的红色去凸显悲壮，但是很少会有设计师会选用暖色，这就是色彩的色适应性。简单来说，色彩在环境艺术设计中的色适应性主要体现在两方面：一方面，是符合情境的色适应性，这就是本节上面刚刚介绍的情况；另一方面，就是与环境的色适应性。这主要是指色彩在应用于环境艺术设计的时候，要选择那些符合周围环境的色彩进行应用，这样才不会使得设计显得突兀或者唐突。

（九）色彩形式在环境艺术空间中的运用

1. 色彩的统一与变化

在环境空间设计中同类色的并列能够产生协调，依靠主体形象和主导色彩是获得色调统一与协调的主要手段。我们根据建筑室内的使用功能和使用者的个性心理要求确定色彩风格，或华丽浓艳，或柔和淡雅，或沉稳庄重，或活泼鲜亮，确定好色彩配置的主基调，再选用合适的副色、强调色和装饰色。

仅有统一没有变化就会显得单调、沉闷。确定了环境空间装饰色彩的整体一致后，可以在和谐统一中增加生动的因素，这就是变化。统一与变化共存，互相调节缺一不可。但在居室环境色彩中只能是大统一，小变化。

2. 色彩的调和与对比

调和与对比是统一与变化的具体化。调和是色彩的类似，色调趋于一致的表现。对比是变化的一种方式。色彩的明暗冷暖艳灰形成强烈对比，而调和必然成为对比的制约，是对比适度的标志。调和的感觉分为五类：同一，感觉是同色范围的色彩；近似，稍有差别的近似色，是相邻的，有共同的感觉；中间，相当于暧昧色，中间的色彩的关系；准对比，中间色与对比之间的色彩关系；对比，补色与其附近的色彩之间的关系。

3. 色彩的均齐与平衡

均齐类似对称，是同形同量的组合，体现出秩序与理性，平衡体现了力学的原则。以同量不同形的组合，形成稳定、平衡的状态。色彩在明度上明轻暗重，在纯度上纯色夺目而灰色隐晦，在色相上暖色活跃，冷色沉静，它们的性质各异。

在居室空间色彩配置时必须从面积上、位置上、形状上及性质上进行变化调整，才能获得色彩视觉平衡。

4.色彩的节奏和韵律

节奏是有秩序、有规律的变化和反复，设计艺术作品讲究节奏感，这种节奏感是建立在对静态对象作动态的理解之上。或者说，静态节奏是动态节奏在空间中的移位和联想的结果。这种节奏感主要通过造型、装饰、色彩等视觉符号因素有规则连续使用及视觉上的强弱冲击来体现的。具体而言，在设计作品中，线与线、面与面、型与型有规律地反复出现，会产生节奏感。将同一色彩用于室内装饰关键性的几个主要部位，使其成为控制整个室内的关键色。当重复的色彩占据物品不同位置时，节奏就产生了。

总之，解决色彩之间的相互关系，是色彩构图的中心。对于环境空间装饰设计、内在结构、组织及内容诸多要素之间的联系是美的内在形式，而内在形式的外观形态，是通过一定的色彩与线条、形状按照艺术的秩序法则组合安排来实现的。色彩的明暗、冷暖、浓淡，技法处置上的强弱、藏露等对立统一、调和对比、节奏和韵律互为关系，彼此相争。形成动静结合、消长有序、多样统一的美感效果。从各要素问题的关系上，考虑色彩设计计划，需要掌握色彩体系和具有色彩分析力，这些秩序法则是设计师恪守、运用和追求的基本原则。

第二节　环境艺术设计的程序方法

由于环境艺术设计涉及内容的多样性而导致其步骤烦琐、冗长而复杂，故以合理的、有秩序的工作程序为框架来开展工作是设计成功的前提条件，也是在有限时间内提高设计工作效率的重要保障。

从大体上来讲，环境艺术设计的程序主要包括六个阶段。

一、设计前期阶段

设计前期阶段（又称设计准备阶段），是环境艺术设计程序的第一个阶段。经过长期的分析与研究，我们对其内容做出了总结，主要归纳为以下五个方面：

第一，与业主的广泛交流，了解业主的总体设想。

第二，接受委托，根据设计任务书及有关国家政策、法规或文件签订设计合同，或者根据标书要求参加投标。

第三，明确设计期限和制定设计计划进度，并考虑安排各有关工种的配合与协调；明确设计任务和要求，如室内设计任务的使用性质、功能特点、设计规模、等级标准、总造价等。

第四，根据任务使用性质的要求而需要创造的室内环境氛围、文化内涵或艺术风格等。

第五，任何工程设计都存在着相应的规范和标准，而这些规范和标准也应是环境艺术设计前期准备阶段的重要组成部分，具体来讲应对与工程设计有关的定额标准和规范进行进一步详细的把握，对必要的信息和资料进行收集和分析，具体应包括对现场的调查勘探，对同类设计实例的参观研究等。

第六，在最后制定并要交付投标文件或最终签订合同时，还要考虑到国家设第五章环境艺术设计程序与表现技法计费率的执行标准、地区费率的执行标准，即设计单位收取业主设计费占工程总投入资金的百分比等文件资料，此外还有设计进度的安排也应考虑到。

二、方案设计阶段

完成了第一阶段之后，设计者需进一步收集、分析、研究设计要求及相关资料：进一步与业主进行沟通交流、反复构思和进行多方案比较，最后完成方案设计。通常，设计师需提供的方案设计文件有彩色效果图、设计说明、平面图、顶面图、立面图、剖面图、工程造价预算、特殊结构要求的大样图及个别装饰材料实样等。

三、扩初设计阶段

对于环境艺术设计牵涉的其他专业工种所需的技术配合在相对比较简单的情况下，或是因为设计项目的规模较小，在进行方案设计时就能够直接达到较深的设计深度。此时，方案设计被相关部门审批通过后，就可进行施工图设计，而不用进行扩初设计。但是，如果工程项目比较复杂，而技术要求又较高时，则需进行扩初设计，即对方案做进一步深化，保证其可行性；同时，对造价进行概算。完成这些工作后，再将其送交相关部门审批。

四、施工图设计阶段

这一阶段十分重要，这是因为成功的施工图设计能够保证工程的顺利实现。因此，在这一阶段，设计者必须做到与其他各专业工种进行协调，综合解决各种技术问题。施工图设计文件应较方案设计更为缜密和详细，需要时还需进一步补充施工所必要的有关平面布置、节点详图和细部大样图。这样一来，便能够向材料商和承包商提供正确信息，并且编制有关施工说明和造价预算等。

五、设计实施阶段

设计施工图之后，项目开始施工。虽然如此，但是设计师不应忽视工程实施过程中产生的问题，否则将难以达到预期的设计效果。大体来讲，设计者在这一阶段的工作应以施工进程为依据划分为施工前、施工中与结束阶段。施工前：向施工人员解释设计意图，进行图纸的技术交底。施工中：及时回答施工方提出的涉及有关设计的问题；根据施工现场实际情况提供局部修改、补充或更改（须由施工方根据实际施工情况提出更改意见并出具修改通知书，再由设计单位认可和进行正式的变更图纸交接）。结束阶段：进行装饰、装修材料等的选样工作；结束时，会同质检部门与建设单位进行质量验收等。

六、设计评估阶段

设计评估阶段是在工程交付使用的合理时间内，由用户配合对工程通过问卷或口头表达等方式进行的连续评估，以了解工程是否达到预期设计效果，以及用户对该工程的满意程度。由此可见，设计评估是针对工程进行的总结评价。如今，这一阶段越来越受到设计者的重视。其原因在于，很多设计方面的问题都是在工程投入使用后发现的。该过程有利于用户和工程本身，除此之外，还对设计者的经验积累与工作方法的改进起到助益作用。

我们都清楚，环境艺术设计须经过一系列艰苦的脑力分析和创作思考过程。

其间，设计者需要充分考虑所有因素，而任务分析则是进行设计的初始步骤。它包括对项目设计的要求和环境条件的分析，对相关设计资料的搜集与调研等。

第三节　环境艺术设计的表现方法

一、手绘表现图概述

环境艺术设计表现图通过绘画的方式形象且直观地把设计师的构思和设计效果表达出来，它是环境艺术设计中整体工程图纸中的一种。效果图画面表现的质感、造型、空间、尺度、色彩都应该精细准确，要能够有效地、科学地表达设计师的意图，并且可以通过适当的艺术表现手法来进行渲染和烘托，增加它的艺术感染力，但是不管运用怎样的表现形式和手法，都不能脱离设计意图，其表现风格也要符合社会审美的共性。这也是环境艺术设计表现图与其他艺术类绘画形式的本质区别。它本身就具有艺术性和科学性。表现性绘图不仅表现了环境艺术设计意图的各类效果，也向业主展示了设计方案，它具体包括单一的立面图、平面图以及综合表现的透视图，平面图和立面图是二维性表现，透视图是三维性表现。

（一）平面、立面的表现

完整的环境艺术设计方案包括立面图、平面图、透视图、材料样板、设计说明、工程概算等，为了增强说服力、保证方案的全面，还会配有一些展现平面与立体的彩色图进行互补。它可以使透视图更有说服力和渗透力。平面图与立面图是设计师与业主沟通和展示设计方案的重要方式。在开始设计方案时，都是从平面图开始构思的，好的设计需要从好的空间平面布局开始。绘制平面图时，图的尺寸和比例要适中，线条粗细要合理、内容比例要适中、空间结构要合理、线条疏密要恰当，并把美感展现出来。在设计方案中，立面图是平面图的延伸，它展现了设计的空间和环境，立面图中应用最广的是空间设计方面。

在设计中通常是平面和立面交叉使用的，二者相互协调、相互配合，能更好地展现设计效果。

平面图和立面图的表现可以反映人员流线、平面布局、功能设置、立面造型设计、尺度、材料等，它首先需要依据严格的制图原理，进行线条的合理利用，然后才是运用不同的工具、不同的手法进行图面气氛的渲染和艺术效果的增强。

平面图和立面图表现的具体方法主要有以下几点：

第一，用铅笔、尺子等工具在平面图或立面图上进行基础的绘制，然后用针管笔或钢笔进行勾线，最后用马克笔或彩铅笔进行上色。

第二，可以在硫酸纸上直接画图，然后用马克笔或彩铅笔进行上色。还可以复印完酸纸上的图，然后对复印纸上色。

第三，可以运用计算机软件 AutoCAD 绘图，然后将硫酸纸覆盖在计算机绘制的图上，用针管笔或钢笔进行描图，再用马克笔或彩铅笔进行上色。对于单一的平面图或立面图，不应进行过多的刻画和渲染，否则会失去设计的目的和功能，喧宾夺主。环境艺术设计人员在进行平面图、立体图绘制时，不要只满足于上述几种方法，还要锻炼自己的基本功，学习掌握多种技法。

（二）透视效果图的表现

在确定平面、立面设计及表现形式后，就需要投入大量的精力进行各个环节、空间、内容的综合性透视表现图的绘制了。

三维的透视图在方案的表现中具有重要的作用，它将三维的空间形体通过二维画面的绘制技术展现了出来。它包含了高度概括的绘画技巧与精准的透视制图，综合体现了设计意图。三维透视图具有直观的表现力，更易被业主接受。

它的图解性便于分析，体现了形象化。因此，透视效果图有什么样的内容，怎样表现，什么样的空间值得重点表现等，都是设计师需要思考的问题。透视效果图表现时需要思考以下几个方面的内容：

第一，依据空间要求，进行最佳透视类与透视角度的选择。

第二，进行完美构图形式的确定，突出显示视觉表现中心。

第三，艺术表现手法和形式需要选择容易体现渲染设计的表现手法。

第四，依据空间的特殊需求来决定最好的色调。

（三）效果图表现的程序

效果图在绘制过程中应当掌握一定的程序，对绘制程序的正确掌握有利于提高表现技法。

第一，收拾绘图环境，良好的绘图环境有利于培养绘画情绪，在适合的位置准备好齐全的工具，便于绘图。

第二，对平面、立面图的设计要进行充分的思考。如设计的要求、业主的喜好、材料的选择、经济因素等。

第三，表达内容不同，透视角度与方法也不相同，要选择最能体现设计师意图的透视角度与方法。

第四，用透明度好的纸或者描图纸复制绘图的底稿，精准的绘制一切物体的轮廓线。依据使用空间的特点和功能，决定最适合的绘画技法，或者根据交稿时间来选择精细还是快速的技法。

第五，绘画顺序要先整体后局部，并注意素描关系的合理、整体用色的准确，整体与局部要做到收放自如。

第六，依据透视图的底稿校正所绘制的图，特别是水粉画容易破坏轮廓线，完成前需要校正。绘制完后要根据效果图的色彩和风格确定装裱手法。

二、表现基础

（一）造型基础

素描是学习绘制环境艺术设计表现图的基础课程，它是所有造型艺术的基础。在绘画艺术的创作和习作中，绘制素描有多种表现形式的工具。素描是由单色块面与线条塑造物体的过程。教学中它与速写相比，绘制时间较长、表现力较强。

设计师的素描练习与绘画艺术的素描不同。设计素描指的是在设计中直接发挥有效作用的素描。它的侧重点在于理解形体的空间结构，准确把握形体，准确表达材质。设计素描的训练是一种理性的方法，它是通过对线面的运用，对形体进行概括所反映的造型能力。设计素描的训练是一种以快为主、快慢结合的方式，它注重线描的速写和透视制图结合的结构素描更适合环境艺术设计表现专业。设计素描解决了三个方面的问题。

第一，质感，对于不同材质的表现能力。

第二，造型，掌握整体与局部的比例，准确地把握形，对于对象的体面关系能够准确地、概括地表现出来。

第三，结构，通过线条解决形体各部分间的前后层次以及各部分间的可见与不见，最终表达各部分之间相互的结构关系。

（二）色彩基础

人们最容易感受到美感的形式之一是色彩。色彩的搭配和处理对于一个环境艺术设计作品的好坏有着重要的作用。观察一张图时，首先注意的就是颜色，所以对于绘图者来说，提高色彩的修养是十分重要的。

1. 色彩的感觉

（1）冷暖感

有的色彩使人感到温暖（暖色），而有的色彩则使人感到寒冷（冷色），这是由色相产生的联想，如红色使人想到火，而蓝色则使人想到寒冷的冰川和海洋等。

（2）轻重感

色彩的轻重感主要取决于明度，明度高的感觉轻，如白色、淡黄、粉绿等；明度低的则感觉重，如黑色、咖啡色等。在设计表现图中合理地运用色彩的轻重感，可以使画面变得平衡和稳定。

（3）体量感

从体量感的角度来看，色彩包含收缩色与膨胀色两种。一样的面积不一样的色彩，有的看起来大有的则显得小。彩度高、明度高的色彩看起来面积膨胀，反之则看起来面积缩小。

（4）距离感

在同样的距离看色彩时，有的看起来比实际距离近些（前进色），而有的看起来则比实际距离远些（后退色）。色相对色彩的进退、伸缩影响最大，暖色是前进色，冷色是后退色。再者是彩度与明度，彩度高的是前进色，彩度低的是后退色；明亮色是前进色，暗色是后退色。

2. 色彩训练的几种方法

（1）静物写生

写生是色彩训练最直接的方法，对照实物观察、分析该物体在特定的光照环境中所呈现的各种色彩的构成与搭配，如固有色、光源色、环境色和空间色等。

从概念上探讨物体色彩冷暖变化的规律，表现出物体的质感和材料特征，并从中获得画面局部色彩与整体色调对比、统一的控制能力。

（2）室内外场景写生

室内写生：从静物过渡到室内环境，要特别注意空间尺度和比例透视的变化，分析光源对室内空间界面及家具陈设的光影效果，在明暗与色彩的关系方面要有主次、虚实之分。

室外写生：空间开阔、景色复杂、色彩丰富、光线多变。要求我们善于概括取舍、移景添物，处理好情与景的关系，处理好空间与层次的关系。

（3）临摹

临摹一些优秀的摄影作品以及绘画作品，可以从中得到启示，这种方法不是一味地照搬，而同时还要进行思考分析。

（4）记忆默写和归纳整理

记忆默写是在没有参照物的情况下，根据已经掌握的色彩配方，将看过的画面和场景再现出来。它是色彩训练中最有效果的方法。它可以检验对色彩关系理解的程度，有利于对已掌握的色彩知识进行巩固，有利于发现写生中的问题。

归纳整理是对色彩进行高度概括的一种训练方法，可以从众多的默写、临摹、写生等作品中选择几组有代表性的再创作。它对于练习透视效果图有着显著的效果。

三、手绘表现的基本工具及材料

在环境艺术设计手绘表现中需必备一些工具和材料，如画笔、纸张等。不同的表现方式选择相应不同类型的画笔和纸张。另外，为了保证绘图的准确性，常配合使用一些精确绘图仪器如直尺，曲线板等。下面介绍一些常用的工具及材料。

（一）工具类

1. 画笔

对于笔的选择，硬笔的讲究不多，一般是质量好坏与新旧的问题。软笔的选择则有很多讲究。要根据画法的风格和种类进行选择。一般来说，羊毫制成的笔适用于不露笔痕的细腻技法和渲染，因为它的蓄水量大、柔韧性好，如水彩笔和白云笔。狼毫或猪鬃制成的笔适用于笔触感强的粗犷技法，因为它弹性好、硬挺，如油画笔和鬃毛板刷。水粉笔在二者之间。衣纹笔、叶筋笔等专门用于勾线。

常用的画笔工具有钢笔、彩色铅笔、铅笔、水彩笔化妆笔、水粉笔、底纹笔、毛笔、喷笔、板刷（鬃毛、羊毛）、针管笔、马克笔。

2. 精确绘图的仪器

为了保证绘图的准确性，减少误差，另外需要配合使用一些精确绘图的仪器，使整个画面的底线显得干净利索。常用的有界尺、直尺、曲线板、圆规等。

3. 其他工具

其他工具有美工刀、调色板（盘）、笔洗等。

其中常用的针管笔品牌有施德楼的一次性针管笔、EDDING（结局）一次性针管笔、红环针管笔、樱花针管笔。

马克笔分水性、油性两种，油性在很多方面是优于水性的（价格除外），色彩细腻，颜色鲜亮，用甲苯稀释，有油性渗透力，有融合笔触的能力。油性笔对纸张要求特殊一要厚或者不吸水的，如硫酸纸。如果只是练习，水性笔还是实惠的。可以以水性为主、油性为辅，在油性的选择上，可以买些水性笔里面没有的颜色做补充。因为马克笔价位比较高（油性大概每支在9~12元不等，水性每支在6~7元），颜色种类多，如何选择是最令初学者头痛的事。马克笔的选择要注意以下几点。

（1）以灰色系为主，根据自己的需要选择几种较艳的即可

环境艺术设计需要注重整个空间的和谐统一，在小物体上可以选择稍微鲜艳一点的颜色。颜色的选择要注意色感，不要选得过"艳"。否则上色后画面看上去太"跳"。

（2）选择一些常用的颜色

根据绘画题材的需要，比如室内的木色系、咖啡色系，还有织物的颜色及盆景；室外的蓝天、树木、水等。对于初学者大概需要20~30支。

（3）选择一些好的品牌，其笔触色彩出众

常用的品牌有：美辉的水性马克笔，其是最普通的马克笔，初学易上手。一

般来说油性马克笔，以美国的三福、Prismacolor（霹雳马）和韩国的 Touch（接触）比较好，Touch 性价比较高。

（二）材料类

1. 纸张类

纸有很多种类，从表现的角度上看，在于纸的吸水性。吸水性弱的，画面感觉对比强烈，色彩鲜亮明丽；吸水性越强的，画面感觉愈虚幻、潇洒、飘逸。

要根据需求做适合的选取。常用的纸类有色卡纸、水彩纸、宣纸、素描纸、绘图纸、硫酸纸。

2. 颜料与辅助材料

常用的着色颜料有水粉颜料、水彩颜料、透明水色、色粉等。

常用于固定纸张的辅助材料有胶水、双面胶、不干胶。另外，为了增加高光，可以运用涂改液进行修饰。

四、手绘表现的主要技法类型及特点

（一）水粉表现技法

水粉表现技法具有表现力强、覆盖性强、色彩饱和浑厚、不透明、易于修改的特点。用白色调节颜色的深浅，用色的薄、湿、厚、干等产生不同的艺术效果，它适用于多种空间环境的表现，能够很精细地表现出空间的结构、气氛以及材料的质感和光感。用水粉色绘制效果图时，有较强的绘画技巧性，因为色彩干湿的变化大，干时的明度高、颜色浅；湿时的明度低，颜色深。若掌握不好，则容易产生"生""粉""怯"的毛病。对暗部和重色进行表现时，要少用白粉，以避免画面"粉"气太重。

（二）马克笔表现技法

马克笔的特点是使用简便、作画快捷、色彩变化丰富、表现力强等，很受建筑师和室内设计师的喜爱，马克笔类似于草图和速写的画法。马克笔可以独立使用，画出生动，豪放、具有独特风格的表现画，但当前的马克笔画法并不是单纯地使用马克笔一种工具，它基本上是一种综合技法。与透明水色和钢笔线描等合用，因为在大面积着色方面，马克笔不像透明水色和水彩一般既均匀又节省时间。

水性色彩淡雅，容易和其他技法合用，应用范围广。马克笔色彩透明，主要通过粗细线条的排列和叠加来表现内容，不易修改，着色过程需注意着色顺序，一般是先浅后深的丰富的色彩变化效果，因为马克笔的笔头是毡制的，有着独特的笔触效果，绘图时要尽量利用这一特点。

马克笔在不同质地的纸上会有不同的效果。在不吸水的光面纸上，色彩互相渗透，五彩斑斓，在吸水的毛面纸上，色彩洇渗，沉稳低调，可以根据不同需求选用。

马克笔色彩透明，重叠上色，会变深，如果多层重叠色将会变得不透明且脏。一般快速表现时，均以钢笔或针管笔勾勒好空间场景，然后用马克笔上色。由于马克笔不易修改，上色过程需注意着色顺序，一般是先浅后深。要均匀地涂出成片的色块，运笔要快速、均匀。可用胶片等物作局部遮挡，画出清晰的边线，可用无色马克笔作退晕处理，画出色彩渐变的效果，也可用橡皮、擦刀片刮，做出各种特殊效果。

（三）彩色铅笔表现技法

彩色铅笔是快速表现技法中最方便、最简易、最好掌握的一种技法。运用范围广，效果好，在环境艺术设计中越来越受到设计师的重视，尤其是在方案草图阶段，它所发挥的作用是其他工具所不能替代的。彩色铅笔表现图的色彩层次细腻，容易表现丰富的空间轮廓，色块常用密排的彩色铅笔线画出，利用色块的重叠可以产生出更多的色彩，也可以用笔的侧锋在纸面平涂。彩色铅笔快速表现图用简单的几种颜色以及洒脱、轻松的线条即可说明设计中的用材、色调与空间形态。

目前市场上可以买到的彩色铅笔为普通和水溶性两种。24色的彩色铅笔已基本能够满足需要，它可以独立成幅，也可以与其他工具，如钢笔、透明水色、水粉、马克笔等工具结合使用，是综合性的表现工具。彩色铅笔可以表现出不同层次、不同颜色的线条，能很好地增加画面层次和空间。尤其是对于一些细部的表现，如各种材料肌理、倒影、灯光均有特殊效果。在绘图过程中，彩色铅笔的表现程序是：先用钢笔或铅笔起稿，定好空间轮廓，根据设计的意图，用不同颜色的彩色铅笔画出松散而有规律的线条，有主次地画出基调，掌握好空间中从整体到局部的明暗关系，冷暖关系，在着色时最重要的是对物体固有色的表现，然后才是质感的刻画。

（四）马克笔与彩铅结合表现技法

马克笔与彩铅结合表现技法的特点是，既有马克笔上色均匀、速度快的优点，又具有彩铅细腻、柔和的调和效果，使画面更加丰富，表现更深入。其表现步骤如下。

第一步：准备线稿，适当在图中勾出纹理及阴影。

第二步：从颜色较深的部位或阴影部位着手上色。

第三步：上中间色及浅色，考虑整体的和谐。

第四步：细部的点缀及上色，注意家具、织物的纹理特点。

（五）喷绘表现技法

喷绘表现技法主要流行于20世纪90年代中期计算机辅助设计广泛应用以前，细腻、丰富，真实感强，变化微妙，具有独特的表现力和现代感，在商业竞争中容易被业主接受，具有很强的优势。但同时喷绘表现面积过多，掌握不好容易给人造成商业气息过浓、缺乏艺术性的印象。

（六）钢笔淡彩表现技法

钢笔淡彩是快速表现中的最常用的表现技法之一，钢笔淡彩是以钢笔为主、颜色为辅的一种效果图的表现技法。钢笔淡彩既利用了钢笔线条流畅、疏密有致的造型特点，又发挥了水彩透明、简洁、明快的色彩效果，两者相得益彰。在表现时先用钢笔线画出空间的结构与形态，再利用线的排列，有疏有密，有强有弱地表现出建筑、室内的层次感和空间感。钢笔淡彩技法适用于空间结构较复杂、面的转折较多的空间和形体。这种技法步骤性强，绘画技巧较弱，容易掌握，初学者可从这一技法学起。以下是其表现步骤。

第一步：准备线稿，用线要求干净利索，注意透视的准确性，细部的勾勒。

第二步：从大体着眼，考虑光的照射方向，阴影暗部的位置，大致地涂刷些颜色，注意用色的和谐统一。

第三步：慢慢地加深颜色，注意明暗对比，添加倒影。

第四步：小部件或细部的上色处理，从整体颜色考虑，适当添加冷暖色的点缀。

（七）透明水色表现技法

透明水色具有色彩鲜艳明快的特点，较之于水彩更为清丽，对空间造型结构轮廓的表达更清晰，适用于快速表现技法。它可以在短时间内通过简便的工具和手法，实现最好的效果。透明水色也有色彩过浓时不宜修改以及调色时叠加渲染次数不宜过多的缺点，所以常与其他技法混用，如钢笔淡彩法。

（八）综合技法表现步骤

第一步：首先把画好的线稿扫描到电脑上，用 Photoshop 打开，通过选择工具把线条单独选出来，创建成独立的层，以便后面上色时对选区进行控制。

第二步：把大的空间色调用几个色块定下来，在 Photoshop 中主要运用喷笔和选择工具来完成。

第三步：运用不同的笔触来表现材质和景观环境，同时要注意色彩中的强弱和冷暖对比。

第四步：调整空间的色调，但要注意对比或者跳跃的色块在整个画面中所占的比例，要将其严格控制在一个相对小的范围内，否则会使画面色彩凌乱。最后对画面整体进行调整，同时对植物、阴影等部分做进一步修饰与完善工作。

五、手绘表现中光影的表现

通常我们所处的空间都不是独立存在的，总是处于某个时间、某个特殊的环境状态下，因而必然会受到周围环境的影响。手绘表现重要的是画关系，明暗关系、冷暖关系、虚实关系，这些才是画面的灵魂，关系没画准，只能说是一堆颜色的堆砌。在设计表达的过程中，需要注意光的投射方向，整体要统一方向，绘制出正确的阴影位置，选择合适的阴影色彩。另外，从整个画面中的物体材质考虑，根据光线的不同，适当的留白或是用涂改液绘制出高光，以起到画龙点睛的作用。

六、手绘表现中不同材质的表现

环境艺术手绘表现图同其他的艺术门类一样，需要有很坚实的造型基础和专门的技巧做支撑。要画一张好的表现图，除了需要做好前面提到的一些透视、造型的基础工作以外，还必须掌握的就是对画面的整体把握以及材质的表现。

只有理解和掌握了这些知识，设计师才能通过画面准确地将空间的层次、排列次序、对比和统一用近乎平绘画的语言传递给观者。这些技术手段将直接左右着手绘的表达，所以设计师必须去掌握，并能熟练地自觉运用和实践。

（一）石材的表现技法

在环境艺术设计上，古今中外都有大量地使用石材的设计案例，设计图中的石材表现方法是设计师不能忽视的，其既要表现出石材的坚硬质感又要有针对性地反映材质的种类和特点。石材大致可分为硬石材和软石材两种。硬石材以花岗岩为代表，质地坚硬、密度较大，多呈斑点状；软质石材以大理石为代表，质地较为松软，一般不做地面，大理石的纹理变化丰富，多为云状，因此国外也称为云石。掌握石材的品种和规律是表现的首要条件。画亮面石材时一定要考虑光线的作用，要有高反差的明暗关系，但要注意整体不要画"花"。石材的边沿线要坚挺有力，棱角分明，对倒影反影不要过分强调，以免失去石材的质感，将其画成水面。画石材的花纹和斑点时，要融入进去，不可浮在表面，且不可画成花布，纹理要在画完底色后，在未干透时描绘，花岗岩类斑点可以点画，大理石类可以用侧锋皴画，但大部分的表现图不会深入刻画石材的纹理，而只是表现石材的感觉。毛石吸光性强，一般较注重固有色的表现，大面积石材的表现不要一块一块地呈现，要整体画，最后画出分隔线，分隔线要有虚实变化，以免生硬。画鹅卵石时要注意疏密变化和体积感，不能画平，现在还有许多人造石，如文化石、仿石材地块瓷片等，其表现方法与石材一样。

（二）地板的表现技法

现代的装饰材料众多，地面的铺设一般分为地砖和木质地板两类。地砖的表现和石材一样，但要注意透视线的表现，透视线可以增强空间层次感。近年来，木地板逐渐被人们所喜爱，运用也较广泛，在表现时用笔要按照铺设方向画，可以增强木地板的真实感和韵律感，不要一块一块地画，要整体上色，由于天然木材会有一定的色差，所以可以有一些变化，但不要画"花"，木地板的亮度一般要低于地砖，因此光影变化不会太强烈，在很多效果图上，地板一般不必涂满，可留有空白，个别地方可以只勾线不上色或虚化掉，这样可以使画面呈现灵活之感，不同的表现方法都能达到较好效果。地板不是孤立存在的，要根据所画内容和环境来处理。

（三）金属的表现技法

在现代环境艺术设计中，金属得到了广泛运用，特别是不锈钢、钛金、铝合金、铜等，这些金属制品和建筑构件无处不在，如门窗、楼梯扶手、柱子、家用电器、家具、生活用品等。不同的金属有不同的质感，在设计表现上要采取不同的技法。不锈钢材质有哑光与亮光之分，亮光不锈钢表面光滑，具有高反光率，能把周围的景象映射出来，明暗反差较大，对比强烈。因此在画这类物品时要掌握好最基本的原则。首先要表现出整体，注重大的光影变化，不要把映射出的所有景物全部画出，以免画"花"。其次用笔要利索，有力度，暗部的反光不能过强，在用色上要和环境统一，不能仅用固有色来处理，成为孤立的局部。还需要注意的是，尽管反差大，但一定要有少量的过渡层次和灰面，哑光的不锈钢则更注重固有色，原因是反光率不高，在表现明暗的对比时要柔和一些，略加环境色即可，但坚硬的质感要达到。

在有色的钛金属表现上，不仅要注意将其统一在整个色调之内，还要兼顾环境色。铝合金的表现手法类似哑光不锈钢，铝合金大致有茶色和银色两种，多做门窗用，一般处在光线的出入口，在表现时要注意体积感，其反光不强，相对容易掌握。影响表现的还有物体的形态，如平面、弧面和不规则的容器造型，所以只有了解了物体的结构，才能正确处理明暗变化、高光、反光等，这就要求设计者必须具有较高的素描及色彩基础，掌握这一方法对运用其他金属技法也具有普遍意义。

（四）玻璃的表现技法

玻璃在环境艺术设计中已成为表现的主角之一，无论是门窗、幕墙、家具还是餐具，其都占有较大比例，玻璃的表现也是令学生较为头痛的事。我们首先要了解玻璃的特点，玻璃与不锈钢都具有高反光率，也都具有坚硬的共性，但玻璃还有透影的特点，可以透过玻璃看到后面的景物，镀膜玻璃从室外看是不透明的，从内部看透明；镜子由于一面有反光膜，因此不透明，磨砂与喷砂玻璃也不透明。表现透明玻璃时，要注意弱化后面的景物，太过清晰则会没有玻璃的感觉，在角的表现上一定要注意高反差的变化，由于光线的折射非亮即暗，所以不要到处都是高光，以防形成"乱"的感觉。

在大型幕墙及门窗的表现上，一定要整体地画，大面积地上色，不可一块块地拼凑，以免画"碎"，在画完大的光影变化后，画分刺线，不要平涂颜色，要有浓淡变化，以突出玻璃的特点。影响玻璃表现的还有玻璃本身的颜色，在实际生活中，不仅有无色玻璃，还有大量蓝色、绿色、茶色、灰色等玻璃。

在有色透明玻璃的表现上还要注意背后景物的色彩，虽然磨砂玻璃是不透明的，但也有一定的光感，色彩及明暗的过渡要柔和，在边角处理上要和透明玻璃相似，因为无论是磨砂还是喷砂玻璃，边角是不用进行处理的。

（五）木材的表现技法

木材及仿木材料在环境艺术设计中运用的最多，尤其在室内设计与装饰中，其更占有绝对大的比例。门、窗、地板、家具、墙面、吊顶都需要使用木材，因此木材的设计表现方法也是至关重要的。

木材能给人一种回归自然的感觉，增加生活气息和亲切感。随着人们环保意识的提高，仿木质的合成材料被不断推广，如成型的门窗、家具、地板等，但它们在图纸中的表现方法与木材是一样的。由于木材的种类不同，其特点和纹理颜色也不相同，因此作为一名设计师，必须对相应的材料进行了解、调查，进而掌握不同木材的变化规律和特点，以做到胸有成竹，表现起来得心应手。

例如，花梨木、水曲柳的纹理较为粗犷，而枫木比较细腻，花樟则呈斑点状。黑胡桃术，紫檀木颜色浓重，它们在表现时均要采取相应的方法解决，以达到更好的表现效果。在厚画法中，一般先铺底色而后勾出纹理，薄画法可先勾纹理而后罩染透明色以便露出纹理，这样会显得纹理更内在，也可在透明底色上勾出纹理。在铺底色或罩染时要有浓淡变化，以便使木材的质感更真实，在勾画纹理时要有疏密变化，以显得更自然。

在用水粉、水彩画木材的底色时要用大笔，勾纹理可用叶筋笔和底纹笔，还有一种方法更为便捷，是把水粉或水彩笔的笔头做成枯笔状，使笔头展开成若干笔锋，稍蘸颜色可同时画出多道纹理图形，可省去许多时间。使用马克笔表现时可以利用每一笔之间的间隙与叠压代替纹理图案达到效果。一般木制物体分上漆与不上漆两种，上漆的木材具有一定的反光效果，因此在处理时要注意光影变化，在灰面部分，固有色会更强烈，过于细小的部分不必画纹理，要概括表现。在反映色差时可以以重叠的方法画出，因为重叠后颜色会加重，也可用稍重些的同类色画出，木材中的节疤可以用深一些的颜色画出。

七、手绘表现中实体的表现

在手绘表现中，要注意个体与整体的关系，如考虑到家具的体量，人物在整个空间的比例大小等。除此之外，在整个画面中要注意偏重点，要进行适当地突出与虚化。在表现过程中不需要每一部分都细细刻画，不是重点表现的部分可以虚化，用简单的线条粗略带过即可。

第四章　环境艺术设计的实践

随着社会的发展，人们对于环境越来越重视，在环境艺术设计领域，人们的要求也越来越高，本章以环境艺术设计的实践为主体进行介绍，分别从室内空间设计的实践、城市规划的实践、公共空间设计的实践三个方面展开论述。

第一节　室内空间设计的实践

现代室内环境设计是一个复杂的综合环境系统设计，其具体的内容包含界面、结构以及空间组织的空间设计，室内色彩、光照、材料设计、室内家具、陈设绿化设计以及环境质量相关的配套设施设计等要素，这些要素在以"环境为源""以人为本"的现代设计理念下，结合科学与艺术的观点和方法共同创造适合人们生存、生活、发展的整体室内环境。

一、室内空间设计

从室内空间结构形成的角度来看，室内空间设计主要包含了空间、界面以及结构三个层面。

（一）室内空间形态的构成与手法

室内空间设计，是针对室内空间而言的，利用室内不同的空间形态而进行的设计。因此，创造美的空间形象可以从空间形态的启示作为设计概念与构思的切入点。对于室内空间而言，空间的形态构成主要有两种方式，一是随建筑形成而产生的母体内部空间，二是在建筑母空间里由新的界面要素二次围合构成的空间。

空间的形态决定了空间各建筑元素的关系。在历史上，由于建筑构造技术以及材料的限制，室内空间的形态主要由建造方式所决定。但在技术十分发达的今天，为了空间的使用需要而产生的不同空间形态是由建筑空间的使用要求和建筑各空间组成关系决定的。

通常对于具体理解室内空间形态构成关系最容易的方式，是从几何学观点来入手，即一切空间均是由点线面运动所产生的结果。下面，针对三种经常使用的空间形态进行简要叙述。

1. 直线与矩形

由于大多数建筑的构造特点是以直线与矩形为主，所以直线与矩形是室内空间形态中最常见的形式，它最易与建筑结构形式相协调，其方向感、稳定感和造型变化适应性较强，而且在材料与构造的选用上也较为经济。这种形态的空间平面具有较强的单一方向性、立面无方向感，属于静态、稳定的空间。但若此种形态空间的设计缺乏深度就极易流于平庸。

2. 斜线与三角形

斜线与三角形实际是直线与矩形的异化表现，从几何学观点来看，斜线富有方向的变化，三角形因其角度与边长的变化可以表现为稳定或不稳定。在空间体系中，平面为三角形形态的往往具有向外扩张之势，而立面上的三角形则具有上升感或动势。从平面使用意义的角度看，斜线与三角形则是最不符合规律的样式，尤其对于那些小于 90° 的空间夹角是最容易形成死角的地方，因而此类形态空间设计也是最难的。但如果处理得当，就能将这些不利因素转化为独特的空间语言，产生非常好的空间效果。

3. 弧线与圆形

这两种空间形态具有很强的空间引导性，具有丰富的变化，无论是正圆曲线还是自由曲线在室内设计中都易于营造特殊的空间形态。弧线与圆形空间常见形态有两种：一种是矩形平面弧形顶，这种空间水平方向性较强，剖面的弧线拱顶具有向心流动性；另一种为平面为圆形，顶面也为圆弧形，这类空间有稳定地向心性，容积率大，给人以集中、向心、安全的感觉。

当然，在这些基本空间形态的基础上还可以通过由简单形体到复杂形体的增加或从复杂形体到简单形体的消减引发出更丰富、综合的形态空间。

（二）室内空间的组合与分隔

由于建筑功能的复杂性，其室内空间总是由多个空间以一定的方式组合而成。室内空间的组合就是根据不同的使用目的，对空间在垂直和水平方向通过不同方式的分隔与联系，对不同内部空间进行有序的功能与形式的安排和组织，创造出良好的空间环境，满足不同活动的需要。我们通过运用第二章中所介绍的空间构成基础方法对空间的组合及分隔进行组织与设计。这里我们强调室内环境是由时间与空间的基本要素构成，其设计的全部意义必然通过客观空间静态实体与动态虚形的存在，并与人的主观时间运动相融合来实现。也就是说，在室内空间设计构思过程中，要了解人的实际使用需求，重视空间的主从关系，了解其使用秩序，根据空间内容准确安排空间的流程关系以及最优化的空间路径。不论构思的对象是单个空间还是群体空间，都要求从科学性、经济性和艺术性进行多角度的整体规划，内外兼顾、抓住关键问题、分清主次，并使其达到物质与精神功能的统一。

在建筑空间内，通常存在很多不同的功能空间。并且，即便其只存在一种功能，由于人的活动不同，其空间也会无形之中被划分。因此，根据不同的功能与要求，这种空间划分可以是明确的，也可以是模糊的；可以是封闭的，也可以是开敞的；可以是公共的，也可以是私密的。因此我们利用绝对分隔、局部分隔、弹性分隔、意象分隔等手法创造出不同的空间范围和形式。绝对分隔是利用实体界面对空间进行高限定性的分隔，这种分隔方式形成的空间封闭性强、有良好的隔音、保温等效果，且私密性、领域性以及抗干扰能力较强。局部分隔是指以局部或片段的界面分隔空间，如隔墙、低隔断、家具等，这种分隔空间虽限定性低，但各个空间相互渗透联系，形态更加丰富，具有趣味性与流动性。弹性分隔是指用可移动或启闭的推拉门帘、隔断、屏风等分隔空间，形成机动灵活的空间形式。意象分隔是指限定性最低的一种空间分隔方式，它通过视觉与心理效应完成心理上的虚拟划分。几乎所有的空间构成要素都可以作为虚拟空间分隔的介质，如建筑结构构件、隔断、家具、陈设、植物、色彩、材质，甚至是光照、气味。

（三）室内空间的类型

室内空间的构成方式受其形态的影响与制约，主要表现为以下几种基本类型。

1. 封闭空间

封闭空间是由限定性较强的界面所围合而成的空间。这类型的空间往往形态不开放，在视觉、听觉、嗅觉以及小气候方面与空间外界隔离程度高，与周围环境交流较弱，空间性格相对独立、内向、严肃，为人们提供一种安静独立的环境，因此封闭型空间是属于领域性与私密性较强、安全感较高的空间。封闭空间的特点与空间体量大小无关，主要取决于空间边界的实体性、界面开洞的面积与数量和出入口的控制力。若处理不适当或功能需求不适宜，可能会引起沉闷、压抑、神秘等负面感受。在这种情况下我们可以通过窗口、门洞的设置加强空间与外界的交流，或者借助室内造景、镜面折射、反射等增加空间层次，削弱空间的沉闷感。

需要强调的是并不是所有封闭空间都是静态的，因为通过色彩、材料、照明、音乐以及动态技术等其他要素的参与，封闭空间环境下完全可以营造出动态空间的氛围，例如商业娱乐空间环境。

2. 开敞空间

与封闭空间相对的开敞空间是一种外向、限定度与私密性都较小，强调以开放的姿态与外界充分渗透交流以实现室内外联系和沟通的空间形态，具有明确的公共性与社会性。这类型空间使置于其中的人心理充实而开放，而其中开敞的含义可以通过两种方式实现，即实体开敞与心理开敞。实体开敞空间是指客观存在的物质结构围合程度低，界面限定弱的空间，与相邻空间形成实在的组合与沟通状态，其开敞程度取决于围合程度、窗洞的尺寸大小以及对启闭的控制能力。心理开敞空间则倾向于一种在实体开敞程度不高的空间环境下，借助对景、借景的手法与周围空间联系，或利用玻璃材料的视觉通透性以及镜面材料的反射性能将外部空间景致引入渗透进来，丰富空间层次和增加空间的趣味性，以获得心理和视觉上的开敞效应。

3. 静态空间

静态空间是指通过各种手段处理使空间达到一种相对静止状态特征的空间。常用设计手法包括加强空间的限定性，使之趋于封闭；空间形态与构图规则、平稳或对称，以取得一种静态的平衡；空间以及空间内含物的比例尺度协调；色彩淡雅、光线柔和、装饰简洁;空间元素组合统一和谐,避免强烈的对比反差,保持视线转换的平和等。

4. 动态空间

动态空间也可以称为流动空间,一般情况下,动态空间往往流动性比较强,其空间界面造型多变,富有动感,能够给人比较强烈的视觉导向性。营造动态空间有两种手法,一是将具有动态设计的要素组织于空间之中,例如动态的水景、变换的灯光、动态陈设品以及动植物等;二是从建筑本体空间出发,组织富于变化的空间形象或空间关系,形成步移景异的四维空间。例如依据空间构图原理,直接利用结构本身所具有的受力合理的曲线或曲面的几何体形成空间的流动感。

5. 交错空间

交错空间是通过不同功能空间之间的相互穿插而构成的公共活动空间。这种公共空间不同于传统的空间,它的水平方向与垂直方向都是错位的,水平方向上穿插交错,垂直方向上上下交错,共同构成动态的、层次感比较强的交错空间。

6. 悬浮空间

悬浮空间泛指那些结构轻巧,看上去好像悬浮在空中一样的空间类型。这种空间多依靠悬吊结构、悬挑结构等类型来作为结构体系。由于底层没有支撑结构,空间视觉性更加完整通透,其应用也会更自由灵活。

7. 共享空间

共享空间往往是大型公共建筑内的公共活动中心和交通枢纽,常为各种组合形式的中心场所,内外交融,含有多种多样的空间要素和设施,能够满足人的不同选择与交流的需求,属于一种综合性高、多用途的灵活空间。

8. 虚拟空间

虚拟空间是一种有领域却无明确实体边界的空间形态,它是通过人的心理感知而产生的。通常虚拟空间虽然多以地面作为确定界面,但在其他维度上总会对空间领域起到一定程度的限定作用。虚拟空间可以通过地面高差、顶棚平面变化、结构构架以及其他环境元素的组织而形成。

（四）空间设计手法

1. 空间平面设计

在室内空间规划设计中，首先需要确定的往往是空间的平面布局。因为平面是任何立体和空间形态的基础，也是人们空间活动的基础。在室内设计的概念中，形成空间的地平面、楼板面、台板面都被视为室内平面的概念。人所有活动的发生都基于平面的支撑，即所有的交通功能、使用功能都发生在人为的水平面上，因此这就代表着预先计划模拟人的活动方式的平面图在室内设计中具有决定性的意义。

在一定范围的空间活动中，平面轮廓首先具有限定空间活动范围、形成特定活动空间的预定性。平面布局设计使立体与空间在深度和广度上按照平面所预定的意图和表现力发展，包括立体和空间形态所产生的体量、韵律以及统一的特征等，无论空间内容是简单或复杂，都包含在这个统一法则内。

室内设计中的平面设计关乎着对室内生活准则进行的完善工作，针对的是室内设计平面中各个空间之间的关系、空间的合理程度、布局是否符合人的生活秩序等问题，而所有这些问题都要在平面设计中得到完善，才能创造得体的室内平面布局和舒适的室内空间格局。

（1）功能空间的布局

功能空间的布局是室内空间平面设计的首要任务。任何一种性质功能的建筑其内部的各个功能区之间都存在一定的联系，而这种内在的联系就是空间的布局原则。具体空间的布局往往由工作程序或关联度决定彼此的远近疏密关系，如果不遵循这种秩序，就必然引起使用上的混乱，无法满足基本的功能需求，因此室内平面设计的前提是要符合建筑类型的功能设计原理。在此基础上我们可再利用网格与形体、均衡与对位、重叠与渗透、局部与整体等手法进行平面的空间构图设计，提高空间平面设计的功能性和艺术性。

（2）流线秩序的组织

合理的流线秩序组织是室内平面布局是否恰当的基础。因为人在空间中的行为是有一定秩序的，室内设计师在进行室内空间布局时，应充分考虑人在其中的行为模式。通常优秀的流线组织是以最短的流线连接最多的功能空间，或各个功能流线既有各自的合理性又互不干扰交叉。当然，在现实设计中，总遇到一些因建筑设计带来的固有问题，因而空间布局与流线的组织必须要考虑到与建筑设计之间的协调。

（3）提高平面的有效使用率

空间平面使用的有效性与经济性是衡量一个室内平面设计是否优秀的标准之一。一般来说，室内空间的平面面积大小是由建筑空间来决定的，而空间的使用则由室内设计师来设计。室内空间平面设计主要包括使用面积、交通面积和辅助面积，从提高平面有效使用率的角度出发，应依据他们各自在室内占有的面积比例，对其进行合理化的分配与利用，其结果往往是扩大使用面积，尽可能减少辅助面积，有效合理地利用空间。

（4）改善平面形态

改善平面形态意味着对建筑的原有平面进行功能上的完善与视觉上的美化，主要通过调整平面形状和调节平面比例关系进行。

一般来说，矩形和方形是最为常见的室内平面形状，这种空间容易进行家具配置和布置。而调整空间平面比例关系也多是针对矩形空间而言的，因为建筑师设计的空间平面的长宽比很多时候为 2：1，这既符合人体的体形，又符合人的审美体验。一般情况下，如果一个空间的比例在此范围内或偏大偏小往往都会使室内采光、通风受到影响，甚至导致人感官上的不适，所以对比例的调整也是室内平面设计的一个重要部分。

至于诸如三角形、多边形、圆形、弧形等异形平面，除一些特殊功能或概念需求的空间以外，则需视具体情况而定，如果面积大相对容易布置，若面积小就容易出现形式与内容失调，这时就需要发挥室内设计的优势对平面状态进行改善与调整。除此之外还可以通过家具、陈设、绿化等元素的辅助设计进行室内平面以及形式的改进。

（5）调整确定洞口形态与位置

在室内平面设计中，对于洞口的形态与位置的设计首先要有利于提高空间的使用质量。因为洞口设置是室内空间功能划分的主要设计要素，洞口形为通，实为分，洞口的存在使得分隔空间的隔墙存在，由此可以形成各种各样的平面形式。

而室内房门的设计要受到空间大小、家具配置、相邻空间关系等诸多因素的影响，因而不同的设计还会造成不同的空间形式和氛围，并由此影响整个室内平面形式的表现和空间气氛的塑造。

2. 从平面到空间的建立

空间的平面设计是空间设计的基础，从作图概念来看，它是具有最多的空间表达技术含量的二维图形。虽然是二维的空间向量，但设计者头脑当中却应该始终保持四维的时空概念，并且需要通过不同向量的思考验证，使头脑中的空间形象逐渐清晰。因此，从平面到空间的转换工作是室内设计者必须掌握的重要方法。

平面图的空间设计方法主要是基于人在不同位置或节点所产生的平面视线分析来确立正确的空间实体要素定位，包括界面、构件、设备、家具、器物等内容，并综合考虑各种因素的影响以及空间实施的科学性与表现的艺术性，最终确立具体的布局。在此基础上，立面设计的主要内容是将空间的四个墙面作为统一的立面进行构图设计，包括与墙面相关的家具、陈设等空间影响，同时也要注意与平面、顶棚的综合构图设计。最后在剖面设计中则应主要着重于各个界面衔接的构造关系。至此，设计的空间概念经过从平面到空间的思考过程才能逐渐确立起来。

（五）比例与尺度

对于室内设计来说，比例与尺度也是一个重要工作，只有处理好整体与局部之间的比例与尺度关系，才能够完成一个比较好的室内设计，获得理想的审美效果。可以这样说，在室内设计中，比例与尺度是一切其他操作的基础，是最重要的造型因素，如果比例与尺度关系不正常，那么无论其他方面做得再好，也无法获得整体与局部的和谐统一。另外，对于人体来说，人体尺寸与家具设备尺寸等也影响着空间的有效利用，是确定空间大小及形态的重要因素。

1. 空间的比例与尺度

在室内空间设计过程中，空间的比例与尺度是一个很重要的因素。比例主要指的是一种度量制约关系，要素本身、要素与要素之间、局部与整体之间都存在着这种制约关系。具体来说，不同的形式构件与形式要素之间在长短、粗细、深浅、厚薄等方面都存在着是否适配的问题。在室内环境设计中，从平面布局到立面设计、再到家具以及所有体现形式要素的设计，都需要通过反复研究与推敲处理好三个向度之间的矛盾，正确把握比例关系以达到一种最理想的效果。然而事实上，我们对空间各个量度以及对比例和尺度的感知都不是准确无误的，透视和距离的误差以及文化偏颇都会使我们的感知失真。因此，一切关于比例的理论都是致力于在视觉结构的各种要素中建立秩序与和谐感。在关于把握正确比例尺度关系的方法上，东西方的古典建筑已经为我们积累了许多完整系统的典范。而以几何关系的制约性来分析和确定建筑的比例关系则是西方古典建筑中常用的手段，这些优美的比例含有鲜明的数理意念。比例系统不仅使空间序列具有秩序感、加强其连续性，还能在建筑物室内外的各种要素中建立和谐或匀称的关系，它们不仅成为一种古典符号和设计，而且对现实设计中的比例把握始终有很好的借鉴和启示作用。值得强调的是，在建筑与室内空间中有很多情况不是单纯由功能来决定要素尺寸的，而是从美学原则出发，通过艺术处理而获得整体与局部的恰当比例。因此理想的比例并没有一个统一的标准或定式，只要符合实际空间的尺寸关系，结合具体的空间结构、形态、色彩、光照等要素关系的处理能够建立起一套具有连贯性的视觉关系，且能够正确而恰当地表现出设计概念与构思，即不失为一种理想的比例。

尺度是和比例相关联的另一个范畴。尺度主要可分为两种类型，即整体尺度与人体尺度，所谓整体尺度，就是指室内空间各要素之间的比例尺寸关系。以确定空间高度为例，空间高度分为绝对高度与相对高度两种：绝对高度即实际层高，尺寸高则感觉不亲切，尺寸低则让人感觉压抑，只有正确地选择合适的尺寸，才能获得良好的空间感；相对高度则是从单一空间的建筑面积来考虑体量问题。只要高度和面积保持适当的比例就可以显示一种相互吸引的关系，而这种关系是营造空间亲和感的重要因素。人体尺度是指人体尺寸与空间的比例关系。即建筑和室内空间的大与小指的是它与人在尺度上的大与小。任何空间只有在与人的比较中才能显示出它的真实尺度感，并且由于个体本身存在差异，不同个体对尺度的感知也有不同，因此尺度只是一个相对概念，没有什么尺度是绝对标准的。

除此之外，室内空间的体量大小通常是根据空间功能和使用要求来确定的，室内空间的尺度感应该与空间的功能相一致，并且对尺度的把握是通过综合运用各种设计要素来调节人与室内空间的关系。例如在处理高大室内空间的尺度中，为了获得人与空间的亲和感，设计师常常可以通过界面上的窗洞、护栏、分割线以及家具、陈设等要素进行调节。

2. 人体尺寸、体位与尺度

室内空间主要为人所使用，几乎它所有的部分都与人类的活动相关，尤其与人体运动器官关系最为密切。室内空间的设计不仅要考虑人身体本身不同的尺度，还要考虑人体进行动作活动的尺度，室内空间形态和体量应该与人体尺度相匹配，符合人体体位与结构尺寸，才能在空间设计时确定人们在室内停留、活动、交往、通行时的空间范围。

根据人体的静态与动态的状态不同，人体尺寸主要分为两种，分别是构造尺寸与功能尺寸。当人体处于静止状态下的时候，人体的尺寸是构造尺寸，在这个状态下，人并未参与运动，身体处于一种固定的标准状态。当人体参与活动的时候，人体的尺寸就是功能尺寸，在这个状态下，人的肢体能够到达的某种空间范围，被称为人体动作域。在室内设计过程中，要确定好窗户阳台高度、门窗的高度与宽度、家具的尺寸与距离等参数，就需要研究人体的尺寸，分别了解人的构造尺寸与功能尺寸，依照数据进行设计。了解和掌握人体尺寸对于建筑空间设计及建筑设计有着重要的意义。室内设计中经常用到的人体构造尺寸主要有 14 项，即身高、眼睛高度、肘部高度、直坐高、肩宽、臀部宽度、肘部放平高度、大腿厚度、膝盖高度、膝弯高度、臀部至膝盖长度、坐姿手臂垂直伸够高度、垂直手握高度和最大人体厚度。构造尺寸反映的是空间与人体尺度的静态匹配，功能尺寸反映的是空间对人体尺度的动态匹配。与构造尺寸相比，人体的功能尺寸对于室内空间的影响更大。当然，在室内空间设计过程中，不仅要考虑人体的生理因素，还需要考虑人体的心理因素，尽可能满足人们的生理与心理的双重需求。

在室内空间设计过程中，还需要考虑人的体位姿态。通常，在现实生活中，人们常常有四种基本体位，即站立、倚坐、平坐和卧式。依据这四种基本体位，人们在生活中又有许多不同的动作姿态，它与不同的生活行为相结合，构成不同的生活姿态。而这些生活姿态又决定了家具的形态与尺度，进而影响和决定室内空间的最终设计。例如，站立体位主要表现是动态走，以下肢活动为主，是与空间界面接触最小的一种姿态；卧式体位以静态为主，人体相对松弛且与空间界面接触面最大的一种姿态。因此通常在卧室或客房的室内平面设计中，床的位置决定了其他家具的摆放方位与空间。

此外室内的空间模数也是依据人的体位姿态与相关行为的尺度而定的，它与人的行为心理与室内平面、立面设计中所具有的控制力相关。室内设计的空间模数是 300mm，例如室内人行通道的最小尺寸及合理的尺度都是与 300mm 成倍数关系。立面设计以及构件尺度上同样与 300mm 有直接的联系，如 1200mm 的隔断高度正好处于坐姿体位的人的水平视线；1500mm 的高度可以遮蔽坐姿体位的人的视线，但对站立体位的人的视线不影响；达到 1800mm 就能遮挡住站立的视线；而且大部分室内装修材料的规格尺寸也是与室内模数相吻合的。[①]

3. 内含物及其构造尺寸与室内功能

室内空间里，除了人的活动外，主要占有空间的内含物包括家具、灯具、设备、陈设等，他们的构造尺寸、使用方式、布局方式影响人的行为活动状态以及功能空间范围的确定。因此，在确定的空间范围里进行设计时，必须清楚空间的使用人数、需要使用哪些家具设备、它们所占用的面积与高度，以及每个人活动所需面积及高度，才能确定合理的空间面积与体量。

此外，室内在建筑构造限定的条件下，几乎所有的设备都要与界面发生关系。不同的设备有各自的运行系统与运行方式，他们所处的位置、占用的空间、本身的构造形式以及尺寸等都是室内空间构成的直接制约条件。例如室内空间的结构体系、柱网的开间间距、楼面的板厚梁高、风管的断面尺寸以及水电管线的走向和铺设要求等，都是组织室内空间时必须考虑的因素。设备与空间之间的矛盾是属于功能与审美之间的问题。通常情况下，满足功能是应置于首要位置的，因此在设计规划的初期，设计者就应对建筑环境的设备布置与运行情况了解清楚，并在设计过程中通盘考虑、处理功能与形式的主次矛盾。

二、室内色彩设计

色彩是通过眼、脑和我们的生活经验所产生的一种对光的视觉效应。光与色不可分离，它构成空间丰富的视觉感受，帮助我们完整认识事物的形体以及它们

---

① 陈媛媛. 环境艺术设计原理与技法研究 [M]. 长春：吉林美术出版社，2018.

传达出的想象或情感等重要信息，引用约翰·罗斯金的话："色彩感之于室内设计，有如色彩对画家一般重要"①。相比空间表达的其他要素，色彩是一种效果显著、工艺简单和成本经济的装饰手段，改变色彩配置关系是改善室内空间形式最有效的方法之一。

利用色彩的搭配不仅可以增强空间环境对人们的生理与心理影响，起到调节空间的尺度感与温度感的作用，产生令人舒适、美好或凌乱、刺激等感受，还可以辅助渲染和塑造室内环境的特定气氛，反映空间的性格。同一个空间在界面与家具主体一致的情况下，采用不同的色彩搭配能够产生迥然不同的环境气氛。可以说，这种色彩视觉感受在室内系统的空间形象设计中是处于第一位的，即使将之视为室内设计系统的灵魂也不为过。然而室内系统的色彩表现却又是极其复杂的，因为它与光照、质感不可分。一方面同一色彩通过不同材料的介质会表现出不同的个性和特征，或在不同强度、照度或光色的光照下也将呈现不同的面貌；另一方面，在同一条件光源下，由于物体本身的位置、材质、固有色以及阴影的差异与变化，会产生各种微妙复杂的色彩关系，如墙面与顶面即使使用同一个色彩，但能表现出完全不同的色阶。

此外，室内空间中的色彩反射以及色彩之间的相互影响也是强烈而复杂的，尤其当室内使用了大量反光或透光材料的时候。除了色彩本身的复杂性，室内色彩还必须纳入空间功能、大小、形式、方位、使用时期、使用者个体要求等诸多影响因素综合考虑，因此，色彩的运用是室内环境设计中最难预测的领域之一。甚至精彩的色彩环境设计是经过整体系统把握和深入推敲的结果，同时还需要设计师有丰富的操作经验与高品位的艺术修养。

（一）室内色彩的协调与对比

室内色彩设计的根本问题是配色问题，不同颜色之间的相互关系是室内色彩效果优劣的关键，从这个意义上说，孤立的颜色无所谓美或不美。只有不恰当的配色，而没有不可用之颜色。我们可以观察到，有些色彩在不和谐的关系中互相冲突，反之在其他的色彩配合中，不论是温柔的还是兴奋的，巧妙的还是侵略的，却能产生令人愉快的效果，其核心就在于色彩协调与对比方法的把握与运用。

① 陈媛媛.环境艺术设计原理与技法研究 [M].长春：吉林美术出版社，2018.

在色彩的基本构成中我们已经掌握了关于色彩调和与对比的基本原理与方法，将之运用到具体环境的色彩设计过程中需要设计师综合环境空间中的种种相关现实要素与要求，进行系统仔细的组织，把握色彩的协调与对比关系，包括色彩的构图、搭配手法等，利用色彩语言塑造令人满意的空间氛围及意境。

（二）色彩构图

色彩的协调与对比是色彩设计的主要方法，也是室内环境色彩构图的基本原则。在进行色彩构图时，首先要对这些色彩进行分类，然后依照它们各自的特点来选取适当的颜色。

1. 背景色

顾名思义，就是指用来衬托其他事物的色彩，这种色彩往往被用在地面、墙面以及天棚等物体之上，它的面积极大，对室内的其他物件进行衬托。不同的背景色，不仅能够影响空间的性质，而且还能够使人们产生不同的心理感受。即便是同一种背景色，应用于不同的位置，也会产生不同的效果。

2. 主体色

主体色指在室内空间中除背景色以外的、占有统治地位的色彩，主要包括家具、织物、门窗等。家具是表现室内风格以及个性的重要因素，它们与背景色彩关系密切，是控制室内色彩环境的主体。而织物和人的关系更为密切，其色彩、质地、图案的表现十分丰富，在室内色彩中起着举足轻重的作用。根据对织物的面积大小以及其色彩与图案的选择，它可作为主体色，也可用于点缀色。至于门窗的色彩既可以用于背景，也可以用于主体。

3. 强调色

作为室内重点装饰或点缀的小面积色彩，室内空间的视觉中心或重点往往由强调色来凸显。他们主要通过灯具、陈设小品、绿化景观等来体现。

室内环境的任何一种色彩与其他色彩总是会形成多层次的图底关系，层次越多色彩关系越复杂，反之亦然。因此在进行色彩设计前，首先要考虑清楚以什么作为背景、主体和重点，可以将不同层次之间的关系分别考虑为背景色和主体色与强调色。色彩构图第一个决定性的步骤就是选择主色调。因为室内环境的气氛与性格都通过主色调来体现，主色调一经确定，次色调与强调色选择与搭配就有了既定方向。主调色彩一定要反映空间的功能，准确把握空间的主题风格，典雅或华丽、安静或活泼、纯朴或奢华。在接下来的设计工作中就可以将各个层次的色彩按面积与位置处理组织色彩的构图关系。例如可以统一顶、地、墙面色彩作为背景来突出家具的主体色与陈设的强调色，或者将顶、墙、地面与家具统一成背景来强调陈设与植物的视觉中心地位，又或者统一顶棚、墙面、来突出地面、家具等。期间可以通过色彩的重复、呼应、联系等加强色彩的韵律感和丰富感，使室内色彩达到多样统一，这些色彩之间需要保持协调与均衡，形成一个和谐的整体。而即便是同一种性格氛围的营造目的，色彩搭配也有无数种可能的组合方式，要达到最适合的方案就需要认真仔细地鉴别、评估、比较和挑选。

对室内色彩进行分类，只是为在色彩计划中简化色彩关系，而并不是以此作为处理色彩关系的唯一依据，更不能因此限制色彩设计的构思。色彩的处理绝没有一成不变的定式，大面积的背景色在某些情况下也可以成为室内色彩重点表现对象，通常作为强调色的陈设小品等也完全可以选择与背景或主体一致的色调，甚至空间整体采用单一色彩而依靠材料的肌理与质感去体现细腻微妙的层次变化，同样能够取得不错的效果。总之，利用协调、对比、重复、呼应、节奏等多种手法，有明确的图底关系、层次关系和视觉中心，创造丰富多彩的空间效果是色彩设计审美功能与意义上的最终目标，若设计师只是机械的理解和处理室内色彩关系，必然抹杀环境创新设计的可能。

（三）室内色彩的搭配与方案

色彩搭配有很多基本方法。我们这里要讨论的色彩搭配是以一组色彩群内部的色相关系为基础，按照从简单到复杂来进行的，主要分相关色相与对比色相两大类进行阐述。

1. 相关色相搭配

相关色相的搭配是建立在单一色相或一系列相似色基础上的，即单色色彩搭配与相似色彩搭配，它们均强调和谐与统一的关系，通过调整明度与纯度使之产生变化与对比。在相关色搭配的实际空间色彩环境中，常常还需要综合考虑形状、形态、质感、光线等其他元素的参与，从而制造色彩细腻微妙的丰富效果。

单色色彩搭配是运用一个色相作为室内空间色彩的主调。通常这种搭配易于取得宁静、安稳的效果，可以较好地突出空间感并为室内其他内含物提供良好的背景。同时这也是一种很安全却极易使空间单调乏味的色彩搭配方法，因此应该特别注意对之进行纯度、明度的变化与调整，同时采纳不同的材料、图案以及家具与陈设来丰富空间呈现效果。当然在某些特殊的空间里也可以尝试使用单一的强烈颜色，包括其他元素色彩都统一于单色色彩，这种方式能够带来强烈的视觉冲击力，赋予空间以戏剧性或独特的个性，但从与人的关系来看，长时间的接触必然会引发不适之感，因此它只适用于使用频率较低的空间。

系列相似色彩的搭配是最常见也最容易运用的一种搭配方法。它采用色相环上相邻的两个或三个色相进行配色，包括同类色、类似色、邻近色等，因为这类色彩的关系都限制在色相环90度以内，其效果总是和谐的，同时又因为有较大的色彩变化范围，再配合上明度与纯度的变化表现，它就绝不会显得单调。典型的相似色配色通常采用一个原色或一个中间色加上一个在任何一边与之相邻的颜色。例如，红色和它相邻的红橙色或红蓝色，或紫色和蓝紫色或紫红色。相邻的原色和中间色加上由它们产生的第三级中间色（例如红色和橙色加上橙红色）同样也属于相似色配色。

2. 对比色相搭配

对比色相搭配是建立在结合互补色或三和色的基础之上。它原本就丰富多变，通常包含冷暖两种色系，因此如何调和它们是这种搭配方法的关键。

补色搭配就是采用色相环上两个相对的明暗差别强烈的对比色进行配色，如红与绿、橙与蓝、黄与紫。补色配色往往显得明快而又生动，能够很快吸引注意力并引发兴趣，所以只要搭配得当的话，大都会取得不错的空间色彩效果。但在使用对比色时需要谨慎，因为在室内设计中大面积或频繁使用高纯度的互补色会产生刺目的效果，极易使人疲劳。因此，补色搭配需要小心细致地对待，以免显得过分，一般可以通过调整每个颜色的明度或纯度变化来获得更统一的配色关系。通常在室内色彩环境设计中常见的成功的补色配色是在大面积上采用低彩度、高明度或低明度的颜色，在小面积上采用高彩度的对比色。

此外，补色搭配还有另外两个变化——分裂补色搭配和双重补色搭配，这二者有时候被看作完全不同的类型。分裂补色搭配这种配色采用色相环上一边的颜色与对面补色两边的两种颜色相配。因为互补色往往同时具有强烈表现自己的倾向，在其他条件接近或相等的情况下会产生强烈冲突，而如果采用分裂补色配色，例如橙色与黄绿色和蓝绿色组合，就能加强色彩的表现力，同时通过其他要素的变化可以取得更丰富、更细致的理想效果。

双重补色搭配是指同时运用两组对比色，即 4 个颜色。这是一种难度较高的色彩搭配方法，在实际运用中相对较少，因为色彩的数量多而容易造成混乱，要调整把握的色彩关系复杂且有难度，所以对搭配技巧的要求更高，比较适合于大面积的空间。其搭配关键是处理两组对比中的主次关系，如果在这方面能够把握好，同样可以获得丰富而活泼的空间效果。

三和色搭配是选择色相环上相互间等距离的三种色相进行配色组合，如红、黄、蓝或者橙、绿、紫等进行配色组合，是一种难度较大的色彩搭配方法，需要在色彩要素变化以及各个色彩面积比例的关系上进行仔细慎重的推敲与安排，否则很容易造成刺眼、混乱的后果。例如三色都降低纯度或明度可以取得协调，或只保留一个色作强调色，既和谐又有对比。另外在黑白灰的色彩计划中使用小面积的三和色配色通常也能获得不错的效果。

总之，在色彩搭配的过程中，色彩种类越多，配色的复杂性与难度也就越大，但最复杂、最难设计的色彩关系往往也是最美的，而要把它们付诸实践就需要更多的经验和技巧。

（四）配色步骤与配色方案

在了解了色彩的基础理论与方法之后，色彩计划工作便可以系统地按步骤进行。首先进行的工作是收集各种需要的彩色样本，包括各种材料的样本。当样本收集齐全后，可以开展具体的工作。

第一步：根据前文对色彩设计的基本依据，将决定或影响色彩计划的所有因素以文字结合实地照片的形式进行列项分析。包括空间所处地理位置、地区气候情况、有无地域性或文化性的颜色偏爱；具体使用者的个人色彩偏爱或群体普遍喜好倾向；空间的功能要求以及希望营造的特征和气氛；人在室内逗留的时间；室内窗、门的方位和大小，掌握自然采光的条件，以及室外环境色彩对室内影响的可能性等。如果是室内空间的二次改造设计，还应仔细了解记录现有空间色彩以及所有与之密切相关的光照与材质情况，以便为后续设计的保留与改造提供充足的信息。

第二步：根据以上所列的信息，结合设计概念与构思建立一个初步色彩计划。包括确定空间主色调（暖色、冷色或中性色）、背景色与主体色的关系（单一配色、二色组配、三色组配等）、决定占主导地位的色相等。这一步骤的进行最好能够结合材料的色彩样块一起直观表示实际色彩的组合关系，并预计可能要采用的光照方式，这样可以帮助设计师更准确地评估、调整与把握整体色彩的处理。

第三步：将初步确定的颜色区域记录下来，如地板、墙面和顶棚主要界面的色彩，已确定大面积使用的材料色彩以及家具、织物和其他有影响力的色彩元素。可以将主要区域与具有影响的色彩提取出来绘制成图例，以便于分析推敲色彩构图与比例等关系。

第四步：考虑选择小面积的点缀或强调色。这种色彩大多数情况下都存在于陈设、绿化景观之中，也可能是具有某种自然特性的材料，如金属材料、染色玻璃、镜子等。对于反射性能较高的材料一定要考虑到它们对整体色彩关系的影响。

第五步：上述步骤完成后在整体上进行调整，可以采用改变其中一项或多项的方法来完善所做的色彩计划，因此准备几个备选方案进行比较是明智的举动，往往最佳的方案就出自计划中的元素与其他方案中元素的交换。

在色彩设计的实施过程中往往会出现很多我们意想不到的情况，例如原本以为效果很好的一种或某些颜色，在实际空间和材料表现上并不理想，甚至是糟糕，而有些不太有把握或并不看好的色彩却也可以变得很精彩。在做色彩设计的时候，常常会因为有着非常宽泛的自由度进行选择与搭配，反而更加令设计师难以取舍或定夺。因此，我们可以考虑一些能有效地限制和引导设计师作出选择的方法。这里将介绍三种至少在实践中已经被证明是有效的配色方案。

1. 色彩的功能配色

功能配色，顾名思义，是一种建立在对室内色彩的功能分析基础上的配色方法，这种配色方法需要满足人们所需要的功能，所以它是进行色彩计划时使用得最普遍的方法。换言之，遵循前文所介绍的满足室内色彩设计的基本依据，利用色彩的特性与设计方法使色彩在室内空间中起到符合设计构思与功能要求的作用。具体的方法很多，例如从色彩属性角度出发：色相上可按室内功能的要求决定主色调，包括环境的气氛、性格等；从明度上则可结合照明设计，选择适宜的界面色彩。以顶棚为例，通常办公、学习空间的顶棚需要采用高明度、低纯度色彩，而歌舞厅、会所等娱乐休闲空间则常将顶棚处理成低明度以配合灯光制造气氛与情调；从纯度上看，安静的空间多用低纯度色调，而活泼的空间则多用高纯度色彩关系。若从色彩其他特性考虑，可以利用色彩的冷暖、面积大小等调整空间的尺度、形式或强调、削弱室内不同元素的视觉感受，还可以依据色彩的象征意义传达不同的信息或表达特殊的观点等。这种功能配色方法能够使人们更加自由地运用色彩元素。

2. 自然本色配色

所有的材料无论是天然的还是人工的，都有自己本身在生长或加工过程中产生的颜色，保留所有材料本身自然的颜色通常会使配色产生和谐、令人愉快的效果。大自然本身就是创造色彩的大师，在自然环境中截取的画面往往都是丰富而和谐的。而绝大多数材料的自然本色都是一种中性色，如灰色、茶色、无彩色等，其中又以暖色系相对居多，其特点是色感温和、不跳跃，对比冲突较弱。虽然自然色的变化范围很小，但它并不显得单调，一个由材料的自然本色装饰的室内空间的特征是由它们的明度决定的。由于自然本色接近自然界中色彩的变化范围，在心理能够产生一种亲近平和之感，易于为人接受，所以在配色关系中容易处理，属于一种保守但安全的配色手法。在漫长的建筑建造历史中，材料运用与技术的限制、传统建筑及其室内空间的色彩设计几乎都是采用自然色配色手法，即建筑与家具材料的本色奠定了空间的背景色调与主色调，强调色则可以通过依靠鲜艳的陈设、绿化或局部的材料处理获得，这样的成功案例比比皆是。

3. 无彩色配色

无彩色尽管从物理角度看不能称之为色彩，但它们在心理学上有着完整的色彩性质，常见的无彩色除了黑白灰还包括金色和银色。相对彩色而言，它们虽然没有明确的色相，但与任何一种颜色搭配都是调和的，因此它们常常被用来联系或调和对比非常矛盾冲突的色彩关系，在色彩系统中扮演着非常重要的角色。

黑白两色是无彩色系的两极。黑色在色彩理论上是吸收所有色光而形成的，它给人以庄重、肃穆之感，具有内向的积极意义，常用于有特殊意义的空间。

与黑色相反，白色恰恰反射所有的色光，它对其他色彩极为敏感，因此是现代室内空间中运用最广泛的颜色。实际上，白色在材料表现中常常反映出或冷或暖的色倾向，如象牙白、米白、亚麻白、乳白等。以白色为主基调的室内环境空间往往能体现纯洁、清净、轻快等气氛，但处理不好也易流于平庸、单调，显得廉价而乏味。相比之下，运用黑白二色为主色调的现代室内环境设计倒是更常见些，这类色彩空间往往表达出高度的冷静、理性或另类，尤其在花花绿绿的色彩环境中具有更强的视觉冲击力。

灰色是黑与白之间的过渡与联系，是一种中性色。因为在孟赛尔色立体上接近于明度轴位置的颜色，因而色相模糊、纯度较低，具有柔和多变的特点，常常象征平凡与温和或暗示虚无、空灵、中庸等内在含义。灰色是一种不易起冲突和安全的色彩，在色彩关系中能起到互补、缓冲、调和的作用，适用于任何环境。当然，灰调的处理也比黑白处理复杂得多，它从浅灰到深灰具有丰富的色调变化，并且因参与不同的色彩而呈现出不同色倾向的冷灰或暖灰，大大增加了色彩的层次。至于金银色既有闪耀的亮度，又可起到调和各色的作用，无论是传统的还是当代的环境设计中都常将其作为点缀色和装饰色使用。

无彩色配色方案最适用于那些色彩来源不仅限于室内基本色彩的空间，比如博物馆、画廊等展示空间，在这类空间中，黑、白或灰色调的环境更能衬托出展示的作品。当然也有些极少数需要展示纯净而极致的空间设计，会使用纯粹的黑或白或灰色做空间的主色调。即便如此，它一定是需要借助空间形态、灯光或材质上的细致对比处理来丰富效果的。此外，运用黑、白、灰配上原色的搭配方法也是最常用的色彩设计手法之一，它可以使你在需要强调的地方采用任何高纯度的色彩而不至于出错，属于一种很容易出效果而绝不会出错的配色方案。

三、室内光照设计

（一）室内光照设计的原则

室内环境光照的设计是一项包括了技术、艺术、心理、生理、行为、环境等诸多内容的综合工程。在设计的过程中需要遵循以下基本原则：

1. 功能原则

光照设计必须符合使用功能的要求，根据不同的空间、不同的场合、不同的对象选择不同的自然采光或人工照明方式，保证提供空间以良好的照明质量——照度均匀而稳定并符合相应标准值、亮度分布适当，限制眩光和减弱阴影等。

2. 美观原则

所有光照设计的主要目标都是为视觉活动及视觉乐趣提供照明。在满足功能需求的基础上，光是装饰美化环境和创造艺术气氛的重要设计，设计师通过光照的明暗、隐现、抑扬、强弱等有节奏的控制与塑造，实现对室内空间特性的改造，丰富空间层次，引导或集中视觉注意力，并通过光的透射、反射、折射等特性发挥以及对灯具设计的选择，创造出或温馨柔和，或宁静幽雅，或富丽堂皇，或欢乐喜庆，或神秘莫测的空间艺术情趣，达到营造理想环境氛围的审美目的。

3. 安全性原则

这项原则主要是针对人工照明设计，人工照明往往是由电来实现，在照明过程中，如果操作不当，就有可能会发生触电现象，发生危险。因此，要遵循安全性原则，采取一些防触电、防断路的措施，避免发生意外。

4. 经济性原则

光照设计在遵守以上原则的同时，还应注意由自然采光或人工照明所引起的能源使用的经济性。我们在提倡尽量利用日光的同时要注意适度控制，因为大量日光进入室内时也带来了大量的热能，尤其是在夏季，就需要制冷系统消耗大量电力能源以降低室温；而人工照明同样并不一定是以多为好，过于多有时候反而会影响人的视力健康，造成能源浪费。因此我们应当尽量选择发光效率高的灯具，并合理地布置灯具，减少安装和后期维护的费用。总之，无论是什么方式的光照设计，关键是科学合理，在最大限度上实现光照设计的实用价值和欣赏价值，并达到使用功能和审美功能的统一。

（二）室内光照设计的步骤

1. 明确用途和目的

首先是要明确所设计空间的性质与使用目的，人们在此空间中会进行怎样的活动行为，需要什么样的照明方式与质量，达到一个怎样的光环境气氛。例如办公空间需要通透明亮的光环境，有良好的光线和照度保证正常的工作，而娱乐空间则可能多需要五光十色、突出情趣氛围的光照效果。这是确认室内光照设计目标、规划光照系统关系、确定照明设计标准以及展开具体光照设计的主要依据。

2. 环境调查

对现有的建筑条件、室内环境以及相关条件和其他状况进行系统的调查与整理，这是室内光照设计的前提基础。具体工作包括建筑周围环境、室内空间形态与尺度、采光窗洞的位置大小、通风空间及其大小、影响自然采光或人工照明方案的相关建筑结构与材料系统以及现有的照明设施、电路插座、供电方式等。

3. 光环境基本构思

室内光环境的设计构思是依据光的表现能力，结合建筑的使用要求、建筑内外空间环境形态、尺度等实际条件以及诸如色彩、材料等主要设计要素语言，对光的分布、构图以及质量做统一的规划。此过程注意强调光的照射要利于表现室内结构的轮廓、空间、层次以及室内家具等主体形象。主要内容包括设定照度，确定采光与人工照明布局以及整体的照明关系等，使之达到预期的艺术效果，形成舒适宜人的光环境。

4. 基本设计

当室内光环境构思确定后即可进入实质性的光照基本设计，这是将构思转化为现实空间光环境最重要步骤，包括依据需要满足的视觉功能和效果确定不同照度与亮度的分布、明确照明布局与方式、选择灯具及光源类型、确定灯具的数量与布置的位置、综合考虑光照使用功率与经济费用分析等。后文我们将对这一设计展开具体的讨论。

5. 细节设计

在照明设计过程中，电路设计与照明控制方式是最具逻辑性及常识性的一步。设计者必须考虑到空间用途、使用方便的需要以及使用者的通行路径，合理布置强电与弱电线路以及相关的开关及控制系统，并绘制详尽准确的灯具布置以及照明电路设计施工图纸。每一类图纸要求准确表达出灯具的位置、类型、功率和安装方式等。

四、室内家具设计

（一）家具设计原则

家具设计包含造型样式的设计和工艺流程的设计两个方面。设计不仅满足使用、美观、安全、舒适等要求，而且在工艺上力求用料少、成本低、便于加工与维修。具体而言，家具的设计要达到上述要求必须遵守以下原则：

1. 功能适应

家具的功能性是家具设计的主要因素。在物质功能设计上，只有满足人们的使用要求，家具才能实现其服务于人的目的。因为家具能够以真实明确的方式提供或限制身体的舒适性，人在使用过程中所反馈出来的信息直接判断家具是否达到了预期的使用目的。因此家具的尺度、形式与布置设计都必须符合人体尺度以及人体各部分的活动规律。人与家具的关系是人体工程学研究的重要课题之一，它结合不同地区、不同民族的平均身高、生活习惯等条件，对在使用过程中家具对人体产生的生理、心理反应进行科学的实验，并进行分析整理而得出的科学数值，以此研究家具设计、规范家具的基本尺度以及家具之间的相互关系，使之符合人体的形态特征和生理条件。换言之，人体基本尺度是衡量与决定人与家具、家具与家具之间关系的准则。例如，桌子的高度、椅子的高度以及床的长短都与人体尺寸和使用条件有关。同时，家具的功能设计应与使用空间的尺寸、性质以及功用相适应，即不同性质功能的空间对家具设计的特性要求是不尽相同的。如储藏类家具设计就必须根据储藏物品的尺寸与拿取是否方便来确定其功能尺寸和有效的功能分区。又如在餐饮空间里，快餐店的座椅设计往往采用塑料家具或曲木家具，因为它们通常易于清洁、搬运以及堆放，而且长时间地倚坐并不能带来足够的舒适感，从而潜在地促进快餐店的翻桌率。而在高档的餐饮空间里的椅子则多用皮质或织物材料覆盖面并包裹填充物，增加坐面与靠面的柔软性，提高人体坐姿的舒适度，以此体现商家服务的水平。

2. 材料与结构合理

家具设计过程中还需要遵循的原则就是材料与结构合理原则。家具的设计包含家具的材料、结构、工艺、流程，造型等多个方面，材料与结构是相互影响与支持的，是艺术性与科学性的统一，它们共同决定家具的性能是否耐用和安全、形状是否稳定、是否具有足够的强度、是否适宜于批量生产、是否便于清洁、搬运等。牢固与安全实际是关乎家具安全使用的首要问题，它虽然是与主要使用功能无关的因素，但却是评估家具使用非常关键的一个内容。主要包括尽量消除尖锐的边与角，因为这类边与角最易造成擦伤或刺伤，采用质软的材料或弧线形倒角造型则可大大提升安全性；选用阻燃或燃烧时不会散发有害气体的材料，将引发火灾的可能性降到最低；特别关注儿童与老人的使用安全，避免因材料或结构的不合理而造成可能发生的伤害，尤其是那些带有尖锐、坚硬的边角以及金属、玻璃材料的家具。同时，家具结构的方式应满足使用辅助功能，即易于搬运、堆放或折叠，便于家具的灵活布置并少占空间。同时除特殊定制家具以外，另外，家具的各种零部件也要适应当前的生产状况，便于机械化生产，这样能够降低成本与损耗，便于可持续发展。

3. 符合时代审美的形式风格

与建筑和室内设计相比，家具的机能性并没有显得十分强烈，而样式与风格却可以有千百种的选择。从外观形式而言，家具设计要求造型美观、款式新颖、色泽爽目、风格独特，充分表现出家具尺度、比例、色彩、质地和装饰的高度统一，并且体现出家具的功能和结构意图。例如，家具的比例尺度就应和室内空间的各种比例尺度取得密切配合，使室内设计与家具形成统一的有机整体。此外，从文化与时代意义层面看，在设计家具时，还要使它能够与个人的爱好性格等相符合，符合时代审美，反映当下的时代精神，这是家具设计艺术性的意义所在，也是满足使用者审美追求的精神功能。

4. 经济与环保

从经济角度看，满足大众消费市场的需求是评判家具成品优秀与否的重要标准，绝大多数的家具设计与市场首要目标就是获取商业利益，一个在市场销售不好的家具一定是失败的商品。因此在设计概念上切忌闭门造车，盲目设计，要了解掌握顾客的喜好差异、市场需求的变化以及国内外的流行趋势。在设计与选配过程中必须全面考虑预算成本与使用成本的控制，具体包括设计的实施、材料、结构、加工工艺等决定预算成本的主要因素以及家具维护、损耗、折旧和更新等使用成本。最后，还应考虑家具生产的环保性，在材料选择上尽量采用可再生、可循环、可回收的材料，在设计过程中综合考虑各个环节，在保证家具品质与质量的同时，力求降低其制作、运输、清洁以及使用维护的资源与成本。

（二）家具的选择与配置

通常在室内环境设计的初步规划阶段，设计师头脑中就建立确定了一个整体的设计构思概念，后续阶段的所有设计要素设计都将围绕这个主题构想展开。在方案设计与实施过程中，具体的家具选择与确定可以作为设计的第一步骤，也可以在空间、界面之后进行，但无论在哪个阶段开始都必须对家具的位置、功能、外形尺寸等有全面的了解，这是准确表达室内环境主要功能的基础。

根据空间的性质、类型与设计定位，对家具选择除应遵循实用、美观、经济原则以外，还应考虑的问题包括：选择固定家具还是可移动家具？购置成品家具或定制特殊家具？数量如何确定？如果有需要重新使用的家具该怎样处理与搭配？家具系统如何组织以及在现有室内环境中家具的综合安排与合理布置等。

1. 固定家具与移动家具的选择

室内的固定家具多指那些适应特定空间形态与尺度，需现场制作或专业定制的家具，一般如储藏柜、书柜、衣柜等储藏类家具多作为固定家具，它们既能满足基本功能需求又能够节约空间，提高空间的利用率，是一种实现最经济空间的有效途径。因此，固定家具的设计在建筑设计过程中就需要同步考虑确定，其风格、形式以及尺度等设计元素须与建筑设计相一致，使之与建筑空间融为一体，形成空间完整的系统性。而移动家具不仅可以进行自由的选择，还可根据不同的功能需要进行灵活的组织与更换。移动家具的选择包含购置成品家具和根据实际需要定制特殊家具两种方式：购置成品家具可以直观地了解到符合相应功能、风格、材料、成本、质量的情况；需要单独特殊设计或定制的家具可以强调其艺术性与独特性，但对制作工艺有较高的要求，并且往往需要增加家具的预算成本。

2. 家具数量的确定

家具的数量取决于空间的功能性质与面积大小。一般而言，需要容纳的人数、人们的行为活动方式是决定家具的数量，以及所占面积与总空间面积比例关系的主要因素。如在既定空间面积内，动态活动为主的空间宜预留出更多的活动空间面积以满足人们对空间舒适感的要求。当然除影剧院、体育馆、会议室等群集场合以外，通常家具面积不宜占室内总面积过大。

3. 原有家具的处理

在实际室内设计中，常常会有因为经济原因或业主个人主观情感原因而要求重新使用一些原有家具的可能，尤其是家居室内设计这种情况更为常见。因此如果有需要重新使用的家具，在设计初期就应对原有家具的基本信息有所掌握。这样才能在设计过程中正确处理原有家具与新环境的关系。

4. 家具系统的选择与组织

这里的家具系统即组合家具，由一组特殊空间单元组成，这些单元可以根据其位置和功能配置家具零部件，它们在特殊要求的空间中往往体现出突出的优越性。最典型的例子是办公空间中的系统办公家具，它们可以根据具体使用需要进行如十字形组合、回字形组合、L型组合等不同形式的家具组合。由于不同的组合方式会形成不同的空间形态和占据不同的空间尺寸，因此系统家具的考虑一定是以单元或整体系统为基础进行考虑，在空间设计初步就需要考虑到家具组合的可能性以及相适应的空间设计。

5. 家具布置的原则与方法

家具一旦确定，如何对之进行合理安排和布置就成为室内设计最重要的一部分工作。除了交通性空间以外、绝大多数的空间如果没有家具的安排与布置是难以付诸使用、实现其实际功能效益的。

总体而言，家具的布置要注意位置合理、方便使用，通过合理组织家具空间提高其利用率，满足使用者对家具和空间的心理需求，遵循形式美原则从而丰富空间。

位置合理——家具布置的位置首先是要符合相应功能空间的要求，其次，室内空间位置不同其所处环境也有差异，如光照的明暗、交通的便利、室内外的景观等情况，因此应结合空间的性质与特点，确立合理的家具类型、尺度与数量，明确家具布置范围，并进行合理功能分区。最终具体家具的位置与组合方式应结合实际使用要求，使之在室内各得其所。

方便使用——同一空间的家具在使用上常常是存在相互联系的，而这种相互关系应根据人的使用过程达到方便、舒适、省时省力的活动规律来确定。尤其对于那些进行系统工作或活动性质的空间，其家具的布置更是有明确组织与关联的要求，所以家具布置前应研究人们室内活动的"流线"，确定组织好空间活动和交通路线，从而在运动或从事活动的"流线节点"上布置相应的家具。

满足使用者的心理需求——家具不仅要符合人们的生理上的功能要求，还要满足人们的心理需求。从环境行为学角度看，家具的布置与设计所形成的小空间环境往往会对人的生理或心理状态起到不同程度的暗示作用，如座位的方位、间隔、距离、环境、光照以及组织关系等，进而影响人与人交往过程中的各种相互关系。因此需要关注不同空间部位对人的心理影响，创造能够感染和影响人视觉与心理的空间，满足使用者对家具和空间的心理需求。

提高利用率——家具布置的合理性是决定空间利用率高低的重要因素之一。家具布置与组合的过程应适当压缩非生产性面积，充分利用使用面积，提升活动行为的便利性，并在可能的情况下设置家具，使家具起到拾遗补阙之作用，同时减少不必要的空间浪费。

丰富空间——家具的造型、色彩、质感是进行空间创造的主要元素，利用家具的视觉特性结合空间布置格局、风格等方面，综合考虑家具组织方式与形态，在视觉上达到良好效果，动静结合、主次分明，以达到整体和谐丰富的空间效果。

常见的家具布置的主要方式有：

（1）中心式

家具处于室内空间的中心位置，在周围留出空隙便于行走，支配全局。

（2）周边式

家具处于室内空间的四周位置，沿着墙面摆放，这样比较容易留出空间内的行走空间，而且也方便室内中心空间的物品陈设。

（3）走道式

家具处于室内空间的两侧位置，便于交通行走，节约交通面积，但是两侧交通有干扰。

（4）单边式

家具处于室内空间的一侧位置，容易区分交通空间与工作空间，如果在室内空间较短的一侧布置交通流线，那么能够节约交通面积。

在采取以上家具布置方式的同时，还应根据空间的组织关系以及氛围要求选择对称或非对称、集中或分散的布置格局，综合把握家具布置的主次、层次以及聚散的组织关系与空间效果。

第二节　城市规划的实践

一、城市规划设计概述

（一）城市规划设计的概念

进入 21 世纪后，城市化发展越来越快，城市人口比重呈现增长的趋势，这样就产生了城市规划设计。

城市规划设计是指对城市环境建设进行整体规划部署，以创建满足城市居民共同生活、工作所需要的安全、健康、便利、舒适的城市环境。城市规划设计是对一个城市进行总体部署和安排的重要手段，这项工作具有很强的政策性、科学性、综合性。设计者要具有前瞻性，能够预测好一个城市未来的规模布局和发展动向，然后协调关系，合理地统筹安排各项资源与建设，促进整个城市的发展，为人民创造一个良好的工作环境、生活环境和学习环境。

城市管理往往可以分为三个阶段，即城市规划、城市建设、城市运行，在城市管理过程中，城市规划往往占据着十分重要的地位，它是后面两个阶段的重要依据。可以说，三者之中，城市规划最为重要。城市规划是一段时期内的城市建设综合性计划，是一座城市未来发展的蓝图，要想建设一个良好发展运行的城市，必须要有一个科学统一的城市规划，当城市规划确定之后，就要严格实行。

（二）城市规划设计的任务与原则

1.城市规划设计的任务

城市规划设计的任务是根据国家城市发展和建设方针、经济技术政策、国民经济和社会发展长远计划、区域规划，以及城市所在地区的自然条件、历史情况、现状特点和建设条件布置城市体系；确定城市性质、规模和布局；统一规划、合理利用城市土地；综合部署城市经济、文化、基础设施等各项建设，保证城市有秩序地、协调地发展，使城市的发展建设获得良好的经济效益、社会效益和环境效益。

2.城市规划设计的原则

城市规划设计中体现了城市建设之间的内部关系，城市建设与经济建设之间的关系，还体现了城市与城市、城市与地区以及城市与国家之间的关系。在城市规划设计过程中，需要遵循以下几项原则，下面对其进行简要介绍。

（1）安全原则

对于人类来说，安全需求是一种基本需求，在城市之中，安全也是一种最基本的需要。城市建设应该充分考虑到自然灾害给人民带来的危害，把减灾工作列入城市规划与建设计划之中，制定各种相应的防范措施。比如在容易发生地震的地区，注意房屋防震的建设，采取防震相关措施；在容易发生洪水的地区，建设防洪相关设施；要重视高层的防火防风问题等。

（2）经济原则

在进行城市规划设计时，往往要规划土地相关建设，要考虑经济原则，合理用地、经济用地，不浪费土地资源以及其他资源，保证城市可持续发展。

（3）社会原则

所谓社会原则，就是指在城市规划设计中要为城市的全体人民考虑，要能够满足他们的需求，方便他们的学习、工作和生活，促进经济发展与文化繁荣。

在城市规划设计时，要重视人与环境之间的协调与相互作用。随着人们物质文化生活水平的提高，对生态环境的要求越来越高，城市环境质量也日益受到关注。可以在城市中设计一些广场、公园等公共空间，这样人们可以呼吸新鲜空气，相互交流，使城市生活更具有人情味儿。目前，这种人文意识相关的环境设计已经成为现代城市规划建设的重要标准。

另外，在城市规划设计时，还要考虑老弱病残等特殊群体，为他们着想，推广无障碍的环境设计，设置无障碍通道与设施，便于他们的出行，充分体现社会的高度文明。

（4）美化原则

对于城市规划设计来说，美化原则也是必不可少的。城市规划设计就是对整个城市进行规划，这是一门综合的艺术，通过对城市进行整体布局，展现出整个城市的美。

在城市中，有很多自然景观与人文景观，既有偏现代化的建筑，也有偏历史风的名胜古迹，要协调好它们的风格，既展现出整个城市的和谐统一，又使它们能够展现出各自的特色。

另外，针对城市中的某些建筑的布局、造型、层高、密度等，也要进行干预，要对其进行重新设计改造，避免视觉污染，使其符合城市规划的总体要求。

（5）整合原则

在城市规划建设中，要遵循整合原则，要与国家和地方的经济水平相适应。要始终从实际出发，处理好城市规划的近期与远期发展、局部与整体建设、环境设计和经济建设的相关关系。

二、城市广场规划与设计

（一）城市广场的作用与形式

1.城市广场的作用

广场既是城市居民进行各种社会活动的重要场所，又是反映一个国家或地区经济、政治、社会等面貌的一面镜子。在城市的发展历程中，可以发现，在欧洲有很多广场并不是经过专门规划建造而成的，而是由市民自行建造的。到文艺复兴时期，随着经济的发展，人们对城市公共空间的要求越来越高，于是出现了各种不同类型的广场，如花园、公园等。经过多年发展，这些公共空间逐渐融入人们的生活与文化，成为居民生活的一个重要组成部分，也成为城市文化的一个缩影。在这其中，人们创造出大量不同类型的公共空间来满足社会功能需求，并以这种方式组织着他们的日常生活。在这些公共空间内，人们互相交流，开展活动，使得生活更加丰富多彩。纵观人类定居生活的历史过程，这种公共空间都是不可或缺的，有着其合理性与自发性。

起初，在现代城市建设中，人们比较追求功能至上，对于公共空间内的功能比较重视。后来，随着社会的发展，人们开始日益重视城市的生态环境与生活质量，这就对广场等公共空间有了不同的要求。现在，城市广场作为一种公共活动空间，已经成为人们交往交流的主要载体之一。实际上，现在与古典广场相对比，现代的城市广场有了很大的发展与进步。比如，现代的立体复合式广场在一定程度上解决了城市空间的利用问题，在广场中高科技手段也越来越层出不穷，以及对人的深刻关怀等等。

城市广场设计要充分挖掘当地的历史文化，民俗风情。广场要体现城市社会文化的某些侧面，这需要长期的积淀，绝不可能在朝暮间形成。

2. 城市广场的形式

城市广场的形式主要有两种。

（1）平面型广场

所谓平面型广场，是指步行场所、建筑出入口、广场铺地等皆位于一个平面上，或略有上升和下沉的广场形式。

（2）立体型广场

与平面型广场相比，立体型广场更具点、线、面相结合，以及层次性和戏剧性的特点。当然，它也存在一定的缺点，即水平向度的开阔视野和活动范围比较小。

（二）城市广场的类型

城市广场主要有以下七个类型：

1. 市政广场

一般情况下，市政广场所在地主要是城市的政治中心位置，在这个地方，市民可以参与市政、集会，市民还可以与市政府定期谈话。在市政广场上，有一片空地，周围台阶围起，方便举行各种礼仪、庆典等活动。

2. 商业广场

商业广场，主要在各种商业街区的附近，当人们逛街购物感到疲累的时候，就可以到这里来休息一下，放松心情，舒缓身心。商业广场是一个特殊的休闲娱乐场所，它的出现为人们提供了更多的选择机会和更加舒适方便的服务。商业广场不仅要具备广场的相关特征，同时还要具备绿地的具体特征，与周围环境相协调，满足人们的需求。

如今，商业广场往往具有多种功能，人们既可以在内步行，舒缓身心、放松心情，还可以进行饮食、娱乐、购物等活动，与他人交往，符合大多数人的需求，人情味儿比较浓郁。

3. 休息和娱乐广场

顾名思义，这个广场的主要功能就是供人们休息和娱乐。在人们的日常生活中，它已经成为人们组织日常活动的一个重要场所，在广场公共空间内，有树林、喷水池、花花草草等供人们观赏；有一些台阶、椅凳等方便人们行走和休息；有亭台、长廊、空地等供人们交往和进行各种活动。

4. 宗教广场

所谓宗教广场，就是指在一些宗教性建筑前面的广场，比如祠堂、寺庙以及教堂之前。宗教广场的主要功能是举行各种集会、庆典等。早期的广场只是作为一种单纯的功能空间存在，后来随着社会经济的发展以及城市规模不断扩大，广场开始与其他公共领域结合起来，成为集休闲娱乐、健身游憩为一体的综合性场所，并发展至今。

5. 纪念性广场

纪念性广场，其功能就是对于某件事物、某个人物的纪念，教育当代人等，这是它们的主题，纪念性广场上通常有一些碑记、纪念馆。纪念性广场的环境设计必须要与其纪念的氛围相一致，这样才能够获得更好的效果。

6. 文化广场

在文化广场内，人们可以进行娱乐、休闲、交往等活动，它提供给公众一个户外的活动空间，便于人们呼吸新鲜空气。同时，它还展现出一个城市的文化特色。随着经济发展和社会进步，人们对公共生活的需求越来越多，文化活动也逐渐成为一种重要的社会活动形式，文化广场也越来越受到重视。

在设计文化广场时，要注意其层次性。设计者可以通过对其层次性的设置，使其实现不同的功能，如朋友交谈、集会庆典、私密约会等，可以利用铺地色彩与图案、地面的绿化与高低差等方法来充分展现出其层次性。

设计者也可以使用铺地图案、雕塑、小品等元素来展现出城市的文化特色，对文化广场进行塑造。

7. 交通广场

交通广场，顾名思义，它主要是用来疏导交通，保证行人与车辆安全顺畅通行。交通广场四周不应该有大量人流出入的大型公共建筑，其也不应该直接面临主要建筑物。在设计交通广场时，要处理好其与衔接道路的关系，合理确定其平面布置。一般情况下，交通广场主要建设在这两类地方，一类是人流量比较聚集的地方，比如飞机场、车站等，主要功能是疏散人群；一类是城市交通的干道交汇处，主要功能是对过往车辆进行交通疏导。这种交通广场主要功能是疏散交通，噪声污染比较大，因此要尽量少设置或者不设置公众的活动空间，同时还要种植一些绿化作物，减少空气中的噪声与灰尘。

一般情况下，在城市主要道路交叉点、码头、车站等地，往往货流与人流都比较集中，在这些地方设置交通广场，能够减少交通堵塞，解决人货分流问题，同时还能够解决停车场问题，广场上的服务设施也可以供人使用。

（三）城市广场的设计原则

经过长期的分析与研究，我们对广场空间环境的设计原则做出了总结，主要归纳为五个方面，具体如下。

1. 注重文化内涵

广场所处城市的历史、文化特色与价值，是每位设计者都需要考虑的内容。在设计广场时，要注重其文化内涵，使其能够展现出城市的文化特色，烘托出一种独特的文化氛围。

2. 与周边环境相协调

在设计城市广场时，要遵循与周边环境相协调的原则，与周围的建筑物、交通、街道等相互协调，相互统一。

3. 与周围交通组织相协调

要保证环境质量不受到外界的干扰，城市广场人流及车流集散、交通组织是必须要考虑到的重要因素。在设计过程中，设计者在城市交通与广场交通组织上应保证城市各区域到广场的方便性。

而人们参观，浏览交往及休闲娱乐等是广场内部交通组织设计中要重点考虑到的因素，将其与广场的性质相结合，对人流车流进行合理的组织，可以形成良好的内部交通组织。

4.广场应有可识别性标志物

为了提高广场的可识别性，设计者往往在其中设有标志物。这些标志物能够帮助行人更好地区分广场与其他建筑物，了解广场所在的位置，展现出它的独特价值。

5.应有丰富的广场空间类型和结构层次

在针对城市广场进行设计时，要考虑对其进行分类，利用围合程度、尺度等方法将广场空间划分为不同的类型与结构层次，使广场被分为主广场与从广场、公共广场空间以及私密广场空间等领域。

三、城市绿化设计与应用

随着社会与经济的发展，人们的生活水平得到了提高，但是，目前与环境相关问题仍然比较严重，对于绿化也越来越重视。绿化，不仅能够净化空气，还具有美化市容市貌和改善生态环境等多种功能。在当今社会，绿化十分重要，对于人体健康与周围环境来说都有着十分重要的意义。而且，如今环境中的噪声污染也十分严重，植物可以吸收噪声，为人提供一个比较宁静的隔音环境，使人们正常地生活。

随着生活水平的不断提高和社会经济发展，人们更加向往回归自然，自然中的那种宁静、悠然的氛围是人们所向往的。绿化恰好能够给人带来这种美好的享受，人们生活在城市里，也能够感受到自然界中的春意昂扬，生机勃勃。

（一）城市绿化布局

与大自然相比，城市中的空间比较小，再加上人们的生活繁忙，时常会感到一种压抑之感。在城市里生活久了，人们对于那种自然风情就会格外珍惜。在城市现代化建设中，为了美化市容市貌和改善生态环境，许多城市都纷纷加大了园林绿化力度。在工作之余，人们可以在路边、园中看到一抹抹绿色，这些绿色空间就是通常所说的"绿地系统"或"绿化城市"。在"回归自然，享受休闲"理念已被越来越多的人所接受的今天，"绿地系统"或"绿化城市"也逐渐成为现代城市规划设计的一个重要组成部分。

目前，城市中的绿化集中区域主要是风景区以及公园等地，其面积一般都较大，因此植物种类也比较多。城市园林绿化具有净化空气、减弱噪音、调节温度、降低湿度、减少污染、美化环境、保护生态、改善生态环境、提高人民生活质量以及维护生态平衡等多种功能。植物与其他景观要素一样，也具有空间上的分布规律。在利用植物进行空间布局时，常常能产生出人意料的效果，其营造氛围不易被忽视。合理地布置植物景观，可以使整个环境更加协调美观，使人赏心悦目，给人一种愉悦的心情。目前，关于植物的空间分布主要可分为三种，下面进行简要分析。

1. 对称式布局

对称，是指在一个中心内两边的图形等是重复的。在对称式布局内，其有一个几何中心，这个几何中心两边的景物呈现出一种对称的状态。一般情况下，其几何中心主要是一些纪念性景物或者雕塑等。在绿化设计中，对称式布局十分常见，是最常使用的布局。在城市园林绿化中，对称布局往往成为重要手法之一。对称，能够让人们感受到一种有规律的秩序，人们能够欣赏到其中的美。

在城市绿化的对称式布局中，其对称轴既可以是一条线，也可以是一个平面，在对称轴的每一侧，看起来都是对等均衡的。

在规划城市绿化时，这种对称式的布局将景观系统化了，这些绿化景观要服从于对称布局。这种对称布局不仅规划着城市的绿化，同时也控制着人们的视线，规划着人们的活动线路。这种现象在许多国家和地区都存在，并成为城市规划设计中一个重要组成部分。这种对称式布局渲染出一种比较规范化的秩序感，给人们带来一种独特的美感。

2. 自由式布局

自由式布局，顾名思义，就是比较自由，自由地划分城市的广场空间，协调安排植物的绿化，形成一种比较亲切自由的环境氛围。虽然这些植物都能够增加空气中的氧气浓度，净化空气，但是它们的功能还是有区别的，要根据具体的预期功能选择不同的植物类别，将其放置在合适的位置。在不同类型的城市绿地中，可根据需要选用各种形式的树种来满足人们对生活质量要求不断提高的需求。冠荫式树的布局属于自由式布局的一种，它们能够帮助人们遮挡阳光，使得环境更加清爽凉快，还能够当作天花板来作用，形成一道绿色的屏障。

3. 自然式布局

所谓自然式布局，就是将绿化植物按照自然界中的形态来模拟的一种布局方式，这种布局方式具有自然美和人工美的双重特点。一般情况下，在这种自然式布局中，要避免规则性的种植绿化，比较追求自然、写意的风格。

在城市绿化设计中，自然式布局是一种十分热门的布局方式，它通常是将各种景观元素综合起来进行的一种模仿自然的布局。城市绿化设计并不只是单纯指植物相关绿化这种单一的类型，它还包括与周围的景观建筑小品以及雕塑、喷泉、亭廊等的相互结合。总体来说，城市绿化设计是一种综合性设计，它体现的是整个环境的综合性效果。一个好的空间环境设计应该是多元化的设计，各个元素相互适应，相互融合，共同构造出一个良好的空间环境。

（二）城市绿化的植种应用

1. 竹类

在古代园林中，通常会有竹子出现，竹子，象征着一种高风亮节的气节，带有比较浓重的象征含义。

在城市绿化设计中，也可以在广场等公共空间种植竹子，它不仅能够绿化环境，给人一种生机勃勃之感，还具有水土保持的作用，能够保护土壤，防止水土流失。竹子的绿化形式主要有单植、丛植、盆栽、地被以及大面积绿化等，有一些竹子的种类枝叶比较茂密，生长得比较快，这种竹子可以当作耐修剪的绿篱；有一些竹子比较低矮，形态比较特殊，就可以当作地被，比如葫芦竹、姬竹等。

2. 棕榈类

棕榈类植物主要有椰子、刺葵、浦葵等，它们有一个特点，就是无论什么季节，它的外在颜色始终是青绿的。而且，棕榈类的树种株型也有所不同，既有比较高耸挺拔的，又有比较低矮的。如果绿化设计选择棕榈类植物，那么一定要依照环境的特点与风格选择合适的树种，这样才能够使它们发挥各自的功能特点，展现出最好的效果。大多数棕榈类植物属于热带，它们适应高温地的能力比较弱，因此在种植时要尽量适地而植。

3. 松柏类

松柏类的植物也属于常绿性的植物，全年都是青翠的绿色，即便是在冬天，其他的树木叶子变黄掉落，松柏类植物始终保持着原来的色彩。不过，相比起其他普通树木，它的生长比较缓慢。在城市绿化设计中，松柏属于比较常用的高级树种，它们大多数都不用裁剪，而是以其自然树形应用在环境中，不过，也有一些需要经常变化造型来应用其中，比如罗汉松类以及龙柏类等。

4. 海滨植物

海滨植物的种类十分丰富，只要涉足海滩，无论哪一个方位，都可以欣赏到各式各样的海滨植物，哪怕是寒冬季节。根据海岸地形的特性及植物生长的位置，海滨植物一般可分为：珊瑚礁植物，常年暴露在土壤贫瘠的海岸巨岩上，在烈日和海风之下展现出艰苦卓绝的生命力；沙砾滩植物，具有经过暑风冰雨长期"折磨"而养成的特性，能在各种恶劣的环境中傲然抬头；红树林植物，遍布于海湾或河口，构筑起一道森林屏障，是独特的自然景观；热带海岸林植物，分布在沿海地区或海湾一带，是难得的海岸林带景观。

（三）城市绿化的设计倾向

1. 艺术化的情趣

无论是城市绿化还是公共设施设计，艺术化的要求已经被提高到人心所向的层面，深入千家万户。设计风格的个性化、独特化与多样化已成为一种新时尚。材料运用的精致与巧妙，色彩搭配的艳丽与高雅，设计手法的夸张与平实，使城市绿化呈现出丰富多彩的艺术景象。

城市绿化的多样性，植物品种的多方面，绿化形式的多品位，构成了多层次的视觉景观。高大的乔木、低矮的灌木、鲜艳的花卉、宽阔的草坪，或单体布局，或集群成片，极大地丰富了城市的空间感观。植物的色彩虽然多以绿色为主，但是通过设计师精心设计，并配以不同色彩的植物品类，如同给城市穿上了一层漂亮的外衣。植物的色彩随着季节的变化而呈现出各种斑斓的色调倾向，通过不同植物的奇妙搭配，产生了极强的视觉冲击力。

植物的自然与人工造型更是层出不穷。常组合成各类美丽的图案，或粗犷，或细腻，或抽象，或具象。当代流行一种"园艺雕塑"，这种雕塑已经成为城市园林的视觉中心，越来越受到人们的欢迎。

2. 人性化的时尚

所谓人性化的时尚，就是指要以人为本，符合人的需求，要有人情味儿。在城市绿化设计过程中，要坚持人本主义，要将使用者看作第一要素，进行人性化设计，使各种植物设计成人们易于接受的、感到舒适的形态，形成一种丰富的视觉效果，愉悦人们的身心。比如，在进行城市绿化设计时，要考虑到人们的私密性交流，可以设计一些围合与遮蔽形态的绿化植物，方便人们的私密交流等。

3. 多元化的风格

在城市绿化设计过程中，多元化也是一种比较流行的风格。这种多样化的风格将历史、人文、风景民情、技术等联系到一起，使得城市显示出更加现代化的神秘内涵与意蕴，既典雅大方又精巧细致，既充满理性又狂放不羁，吸引着人们的注意力。

城市中的自然绿地设计，大多是结合着多元化的发展趋势。其因山就势，因水、因石而作。与低矮灌木为伍，与花卉为伴，远处多以高大乔木为主，再结合一些怪石奇景、动物雕塑、乡村小屋等构成元素，形成一种自然得体、悠远深邃的乡土风情。

四、城市街道规划与设计

街道是城市结构的主脉，也是城市形象和城市景观的中枢。下面，我们主要围绕城市街道空间的环境艺术设计进行具体阐述。

（一）街道景观的内容与构成

1. 街道景观的内容

街道的各种景观往往有很多，他们具备不同的功能，大致可分为两类，一类是水平景观，一类是垂直景观。所谓水平景观，就是指路幅范围内的一切景观，比如路面、人行道、草坪、交通指示符号等。垂直景观，主要指街道两侧的景观，包含出入口、路标、绿化、灯具、岗亭、广告牌等。

2. 街道形式与景观

街道的连续性、延伸性、节律性、扩展性，往往需要依靠相应的形式体现出来。空间的进退有序、开阖有法、高低有致、曲折有度、适当注意视焦点（交叉口和转折处的景观节点）的处理，这样会取得相应的景观效果。

3. 街道景观的构成

街道景观的构成主要有以下六个部分。

（1）建筑景观

街道两边的建筑，是街道的主体、街道空间的侧界面。沿街道的建筑物作为街景的主体，从城市的大环境来看，应与周围建筑相互协调，使街道景观张弛有序，有时应在一些大型公共建筑前留出一块空间，配以铺地、雕塑，作为流通的共享空间。其实，我们不难看出，接近人的尺度的建筑立面，应设计得精致细腻，有一定的耐视性、标志性和易记忆性，使人易于接近和驻足。

按照外观造型的设计，街道建筑由大到小主要可分为三个层面，分别是宏观层面、中观层面与微观层面，下面对其进行简要分析。

从宏观层面上来看，那些比较著名的建筑往往轮廓都十分的清晰，比较醒目与震撼，给人留下深刻的印象。

从中观层面上来看，人们感受到的中观元素主要有建筑立面线条划分，建筑实墙面与开窗的虚实对比等。

从微观层面上来看，人们靠近建筑，往往只能感受到第一层高的范围，因此，在微观层面上，这一层的建筑的材质与细部是设计的重点。在街道建筑中，要重点设计好第一层的外观，比如门窗的样式、台阶、浮雕、灯具、骑楼雨棚等。

（2）交通景观

交通景观，就是指街道上与交通有关的景观，比如路标、路引、路灯、红绿灯、护坡、栏杆、跨线桥等。

另外，火车站、飞机场、海港等都属于街道上的交通要塞，在城市街道规划与设计过程中，也要将它们囊括其中，进行整体的系列设计。这些交通景观往往人流量比较大，港口、站台、信号系列、交通标志系列等都属于重要的交通景观的要素。

（3）文化景观

文化景观往往能够反映一个城市的文化风貌，对于城市来说十分重要。文化景观有店铺招牌、店铺铺面、售货亭等商业文化景观，还有一些常见的阅报栏、书亭、壁画、街头文化橱窗等。

（4）构筑物

一般情况下，人类建造的具备人类居住功能的被称为建筑物，而人类建造的不具备人类居住功能的被称为构筑物，比如通风道、烟囱、水塔等。这些构筑物也会影响城市的美观，因此，在城市规划设计过程中，也要对这些构筑物进行设计与处理。

水塔、罐体、冷却装置、烟囱在现代城市中可以说是随处可见的建筑物，并且常常以其粗硬的线条、笨重的造型、沉重的色调给人留下沉重的心理感受。而如果对其进行艺术化的处理，可大大改善其外观形态，成为环境艺术融于城市的总体形象，甚至成为城市建筑中一道亮丽的风景线，为城市增添地域的、象征性的艺术符号。

（5）街道家具与小品

街道家具包括许多内容，如座椅、石桌、时钟、洁具、垃圾桶等。小品则泛指花池、景架、阶台、雕塑、花架、景石、景洞等建筑。

不容置疑的是，街道家具与小品都是为人们提供休息、驻足观赏和饮食服务的功能性与艺术性相结合的设施。

（6）街道夜景

随着时代的进步，城市化进程的加快，城市夜环境日趋成为城市风貌的重要组成部分。人们劳累了一天，在下班、放学之后，可以到街上走走，放松身心，锻炼身体。对于城市来说，街道晚上的照明设施必不可少。晚上，这些灯光利用它们的特性，可以营造一种美好的艺术氛围，形成一种比较好的美学效果。

（二）商业街的规划与设计

在城市中，商业街并不可少，它与人们的生活密切相关，占据着十分重要的地位。现在，几乎所有的城市中都有商业街，而且往往是联店成街，即所谓无店不成街，无街不成市。下面，我们主要围绕商业街的规划与设计进行具体阐述。

1. 商业街的分类

经过长期的分析与研究，我们对商业街的分类做出了总结，主要归纳为三个方面，具体如下。

（1）按规模分类

根据规模，可将商业街分为两大类，即中小型的商业街以及大型的商业街，具体如下。

中小型的商业街一般规模比较小，比较著名的中小型商业街有深圳华强北路商业街等。

大型商业街，其规模往往比较大，各个商铺在一个标准基点上进行有顺序的合理布局，一条大型商业街大约长度在 1000m 左右，目前，比较大的商业街有北京王府井大街、上海淮海路以及武汉江汉路商业街等。

（2）按等级分类

要对商业街进行分类，还可以按照等级进行划分，这样，它可以被划分为两类，分别是区级商业街以及市级商业街。

区级商业街主要有北京方庄小区餐饮一条街、天津滨江道等。

市级商业街主要有天津和平路商业街以及哈尔滨中央大街等。

（3）按功能分类

根据商业街的功能，可将其分为两大类，这两类分别是专业型以及综合型，下面讲述其具体的例子。

专业型商业街主要有北京三里屯酒吧一条街、杭州健康路丝绸特色街等。

综合型商业街主要有长春重庆路商业街、北京西单商业街等。

2. 商业街的业态规划

在城市内，这些商业街通常具有各自的业态规划，它们处于一个商圈之中，在这个商圈之中有各个业态，依据商圈的经济，这些业态之间可以实现优势互补，协调发展，从而凸显出商业街的整体定位。

人们来到商业街无非是为了购物，购物累了可以休息吃饭，因此，在商业街中，其行业结构呈现出"三足鼎立"状，也就是餐饮、购物、休闲娱乐三者共同发展，这是如今商业街的普遍发展结构。但是，这个结构并不是固定的，由于商业街的主题不同，这三者在商业街中的比重也是不同的。

目前，商业街的业态组合形式主要为：以大型综合超市、购物中心、百货商店等为主，以便利店、普通超市等为辅，这需要每一个设计者在心底牢牢记住。

3. 商业街的规划设计

在商业街的规划设计中，设计者要注意以下问题。

（1）空间尺度

在商业街规划设计中，空间尺度是一个十分需要关注的问题，建筑物的尺度能够影响人们的心理状态，形成不一样的氛围。理想的商业街在气氛上应该使人感到亲切、放松和平易近人，让人在心情上感到愉悦。

在对城市进行规划设计时，一般要考虑其功能特点，以此作为依据。比如机动车道的规划设计需要根据机动车的尺度标准来进行，对于商业街来说，其主要功能就是供人们行走、购物，因此，在规划设计商业街时，需要充分考虑它的功能，按照其功能特点进行设计，商业街的尺度主要以行人的活动作为标准。商业街的纵向范围主要与人们的行走、购物等有关，横向范围主要在 10m 到 20m 之间。

国外商业街在设计上极具人性化，表现为小体量、小尺度，因而常常被作为设计的样板。与国外商业街设计相比，国内的设计常常呈现出气派、豪华和厚重的气势与形象。以人为本的原则，是每一位设计者在把握商业街设计的尺度时必须遵守的。

（2）设计风格

按照生成类型划分，商业街道既有自然形成的，也有人工规划形成的。一般情况下，自然形成的商业街道要更为自然、亲切，更能够吸引人们的目光，而人工规划设计的商业街道则千篇一律，过于统一。反而缺乏特色，不容易吸引人们的注意力。因为自然形成的街道往往历经多年才能形成，它具有各种不同时期的建筑，这些建筑各有其特色，形成一种多元化的风格特征，十分的繁华，令人流连忘返，因此，在规划设计商业街道时，要尽量避免过于统一单调的设计风格，要将其向着传统商业街的方向设计，使其形成一种多元化的风格效果。商业街的魅力就在于其多样化的形态、颜色与外观，与那些大百货相比，能够给人一种不一样的风情。

（3）材质选择

随着技术的发展，商业街表面构件的材质选择越来越多种多样，设计也越来越变得人性化，比如悬挂旗帜、篷布遮阳、织物招牌等等。这使得商业街建筑的立面设计逐渐趋近于装饰设计，设计师必须要增进对装修的深度与精度，才能够适应其需求。同时由于现代社会人们对商业环境舒适度有了更高的需求，因此对于商业街的空间设计提出了更多新的标准，目前商业街外观设计逐渐向室内化发展。

商业街建筑主要功能是售卖物品与服务，因此，它的外观与其他的普通建筑物有很大的不同，在建造完成后，商家还需要依据自身的商业特点来进行二次改造与装修。在这一过程中，店面的整体设计和局部装饰都非常重要。如果店铺外观平平无奇，没有特色，那么就无法吸引到顾客，更何况被消费者认可。通常，招牌、灯箱、广告等都能够吸引人的眼球，使其进店来消费，商家可以利用这些因素来吸引顾客。但是在设计店铺外装修时，可能并没有意识到这个问题，从而导致二次设计的元素与第一次的设计发生冲突，甚至对建筑空间造成损害。因此，商家在进行店面装饰设计时就必须考虑到店名、广告语以及灯光色彩的搭配，将之后要做的一系列工作考虑好，从而预留出一些设计空间。

（三）街道空间的界面设计

在本节中，除了街道景观的内容与构成、商业街的规划与设计以外，还有一个方面的内容需要我们在这里进行重点探讨，即街道空间的界面设计。下面，我们主要围绕这部分内容进行具体阐述。

1. 建筑入口

建筑入口，连接着单位空间与城市公共空间，它有两层含义，即私密性与公共性。

建筑设计包括很多重要的元素，建筑入口就是其中一个。在设计建筑入口时，要考虑人的具体作用，以人为本，从多个方面分解入口的形态，深入观察与剖析，不断实践，创作出符合人类需求的、优秀的艺术作品。由于建筑入口的功能限制不强，在创作时比较自由随意。

建筑入口分隔开单位空间与城市空间，因此，在设计建筑入口时要综合考虑地形、引道等等各个因素，使其与街道环境相协调。另外，设计建筑入口时还要因地制宜，根据其环境特点确定好建筑入口的大小、位置、朝向等。

入口空间作为建筑空间体系的开端，完成了由外部环境到建筑内部空间的过渡。它所营造出的空间环境，会在很大程度上影响行人。与此同时，入口空间设计还要有效地组织各种不同的人流，避免行人与其他流线的相互干扰。

在功能上，建筑出入口首先是交通的要塞，具有人流的集结与疏散，车流的导入与输出，以及人流与车流的汇合与分导等问题，因此既要考虑行车的汇交视距与交通安全，又要有适当的缓冲地段。

在景观上，首先，它是城市景观的组成部分，往往是线形景观的一个节点。其次，它是单位建筑空间的起景点，是第一印象景。

在标志意义上，它具有明显的道具性。通常情况下，它的造型会与建筑的性质、规模、单位名称等紧密结合。其标志要便于空间的识别与定位，使人一目了然。

2. 围墙

实际上，围墙是建筑与城市对话的界面，它起到了十分重要的作用，因为它既能够烘托建筑本身，还能够丰富城市景观。中国建筑的各种空间领域的限定，往往采用实体围合的形式，以墙来划分内外区域。大者有万里长城，小者有一家一户的宅院，大墙套小墙，墙内有墙，处处有墙。从目前来看，围墙设计应力求新颖、提高品质、形式多样，使其文化品位得到大幅度提升。

3. 店面

所谓店面，也就是街道店铺的形象，包含造型与装饰等内容。在街道上，往往一个店面设计比较新颖独特的商店更能够获得人们的青睐，也更能够吸引人们的眼球，从而更好地获利。这也是店面设计逐渐受到商家关注的主要原因。显然，店面设计已经成为销售系统中一个十分重要的环节。

店面装修设计包括许多内容，如品牌店、专卖店、商铺的装修设计。可以说，店面设计是企业品牌推广的有效手段。统一的店面识别规范能够为商家带来许多好处，有利于大众识别，对加盟商的信任和发展也会产生助益作用。

店面设计中，有一个关键问题需要引起设计者的关注，即如何增加商品与顾客之间的信息交流，用商号显示商店的性质及主要经营范围，用店招表明行业，用橱窗展示主要商品的质量及吸引顾客的光临，更直接地表现在店面的招揽性、标志性、诱目性。满足顾客求实惠、求新奇等心理，可以有针对性地进行商品宣传，在具体设计时往往采取以下五种方式。

（1）透视性

将商品通过透明的窗口直接展现在人行道上，隔窗可以看到室内的陈设，让铺面上的商品直接与顾客对话。

（2）立体化

将橱窗布置成三度空间，给人以立体的画面感受，表现出商品的丰富多彩。

（3）整体性

将临街立面全部作为广告橱窗。底层通透，上层依靠模特等较大的形体衬托。

（4）开放性

不用橱窗，将底层铺面直接敞向街道。

（5）动态化

动态的景物比较容易吸引人们的注意力，具有较强的诱目性。有的商品采取现代科技来强化橱窗的动态诱导，如激光、旋转、音响等直接用于橱窗显示。

第三节　公共空间设计的实践

一、公共空间概述

城市聚集着绝大部分人口，努力改善城市公共环境的质量，不仅有利于提高人们的生活质量，还可以以此为纽带传递城市文化，展示城市风采。目前，我国城市中在公共环境设计中出现了不少优秀的作品和专业的设计人才，但是从整体水平上与外国一些发达国家还存在差距，因此不断发掘现实环境艺术设计中的相关问题，走出设计误区，探索新的方法，才有利于完善我国的城市环境建设，为人们的美好生活提供更加优质的环境。

（一）公共空间设计基础知识

1. 公共空间艺术设计概念及特点

目前而言，城市公共空间艺术设计在概念上还没有一个科学的定义，但是人们根据城市公共空间艺术本身的性质，分为广义和狭义的认识。广义上认为城市公共空间就是使城市"环境艺术化"所做的一种工作；而狭义上认为城市公共环境艺术是对所面对的环境对象进行相应的设计。城市公共环境艺术具有范畴广泛的特点。其设计范畴包括城市的建筑群、雕塑、纪念碑，甚至台阶、栏杆等，其设计内容不仅包括造型这些固有的建筑作品，还要融入生活、文化等人文气息，于是有人把城市公共环境艺术称为包容万象的艺术，是多种艺术的结合体。

2. 公共环境艺术的设计理念

相较国内，公共环境艺术设计在欧洲等西方国家兴起较早，已经形成了一定的设计风格，而且具备很多优秀的设计作品。在我国，随着城市生活水平的发展，公共环境艺术也随之发展起来，作为一门新兴的课程，在设计上不断随着时代的发展而创新，但是无论怎样的设计都要遵循一定的设计理念，这是环境艺术设计的根本。

首先是整体性设计理念。从建筑学考虑，任何一个建筑，只有与周围的环境互相融合的时候才能真正体现出它存在的价值。城市公共环境作为一个城市环境设计的标志，一定要充分考虑与周围建筑在环境、色调、空间等方面的融合程度，遵循整体性原则。比如：设计一处公共环境，首先要考虑到会不会对于城市道路交通带来拥堵，是否给人们的生活带来便利。只有站在整体的角度进行设计，才能统筹规划，才能创造出适宜的环境。

其次是生态设计理念。随着我国人口的不断增长，城市建筑不断侵占自然环境，环境污染随之产生，在公共空间设计中必须以维护生态环境作为设计准则。公共空间设计要考虑选址，要尽量避免乱砍滥伐，尽量选择地段比较开阔或者荒凉的地段。在施工建筑的过程中避免对周围环境造成破坏。在选材上尽量选择环保材料；同时还要关注在具体落实后与周围环境的协调发展，保证整体的一致性。

最后是以人为本设计理念。城市公共空间设计的最终服务目标是人，在设计的时候要从多角度充分考虑不同阶层的人的需求。比如：可以针对老年人和儿童来设置一些座椅，利于疲劳时的休息；在一些地面上铺设防滑材料，对于以休闲为主的环境设计尽量多设计一些象棋桌、咖啡座位等供人们享受休闲时光。从设计上力求达到人们生活的需求，让人处于这样的环境之中感到满足和惬意，获得轻松愉快的感受。

（二）现阶段城市公共环境设计存在的问题及原因

现在城市的公共空间艺术设计已经成为很多城市发展中的重要项目，打造城市鲜明的公共环境空间也成为城市管理者的追求理想。然而，在我国的城市公共空间建设中，由于设计理念和建筑技术水平有限，在公共空间的设计中还存在一定的问题。

1. 空间比例和尺度过度

城市公共空间建设需要实事求是地进行，但是我国目前城市公共空间建筑中，往往存在追求庞大工程的思想，为了展示当地经济的发展和人们生活水平而不惜花巨资大兴土木。例如一些广场上的雕塑建筑，落成后又由于没有什么实际的价值而被闲置下来。这样的公共环境建筑不但没有起到美化城市、丰富人们生活的作用，反而导致了资源的浪费，给人们心理上造成巨大的压力感。城市中的空间比例和尺度过度主要是一些片面的思想造成的，很多城市公共空间的设计者和管理者片面地认为大的工程就是好的，就是大众喜爱的。但是纵观历史的整个发展时期，那些史册流传下来的建筑不仅仅依靠自身的华美而著名，更需要与周围的环境相得益彰。在公共空间的设计上从尺寸的大小和比例上都要做到周全的考虑，脱离了群众欣赏水平的建筑没有什么存在的意义，也不是好的建筑设计。

2. 设计符号随意使用

造型是环境设计中非常重要的一环，近年来人们常常用符号设立来表达整个建筑的含义。符号一般以比较简单的形式给大众以丰富的内涵和深层的意义，然后引起大家与某些事物之间的内在联想，进而引起某种共鸣。目前，大量的符号使用导致我国很多公共环境建筑杂乱无章的排列，大众并不理解它承载的含义，甚至给人们生活环境造成了陌生感。导致符号随意使用现象出现的原因是，欧洲建筑风格的引进，不乏崇洋媚外的思想，也有设计者片面寻求标新立异，然而一些符号只有在特殊的地域、特殊的历史背景之下，才能发挥其丰富内涵的作用。因此，任意符号的使用忽视了环境建设与文化内涵本身的联系，单一的创新将失掉其原有的价值，这是不可取的。

3.设计材料的浪费现象

材料在环境艺术中占有重要位置，材料的选择在城市公共环境设计中有自己独特的作用。目前，我国很多公共环境设计中，存在资源的浪费问题，而且给一些特殊人群带来了安全隐患。例如：有些城市公共空间建设中喜欢采用表面光滑的大理石设计，这种设计看起来非常气派，而且是美观的。但是在实际应用中，光滑的表面很容易造成老人和小孩的摔倒，造成了一定的安全隐患。还有从其他地方引进一些稀有的植物来装扮城市环境，结果这些珍稀植物不能适应当地环境，一到冬天需要用厚厚的麻袋包裹起来。造成设计材料、资金浪费的主要原因是设计理念存在问题，没有秉承实用、经济有效的设计原则。在环境艺术设计中为了片面追求美感和效果，一味地使用不切合实际的材料，不但没有任何美观的价值，还造成了资源的浪费。

（三）优化城市公共环境艺术的思考

城市公共环境艺术对于城市的形象构建和人们的宜居生活有着深远的影响。随着我国节约型社会建设步伐的不断加快，在城市建设过程中很多方面都进行了环境的优化建设，而公共环境艺术在设计理念和建筑过程中都需要进一步优化和完善。

首先是建立规范的科目。针对我国城市公共环境设计理念不成熟、片面追求大工程的问题，需要建立规范的科目应用。在我国，公共环境艺术还是一个新兴的学科，没有公认的科学行业标准和行为规范，更没有具体可以依赖的学科理论建设作为支撑，造成了城市公共空间艺术"有行无业"的局面。因此必须加强行业的规范措施，可以由政府牵头，加大设计力度的投资，充分重视其发展，让其作为一门必须发展的城市管理项目进行发展，为进一步推动城市的发展建设做出更大的贡献。

其次是发展本地特色。针对我国城市公共环境设计中多生搬硬套国外做法而导致的一些符号随意运用的问题，应当加强本地特色发展。我国有着五千年优秀的文化历史，而且每个地区都有相应的历史文化沉淀。我们要深入发掘我国本土的具有文化内涵的环境设计内容，挖掘潜在的文化力量和人文景观，创新适合我们自己的公共环境设计，避免公式化、概念化和照搬现象的存在。

最后是合理使用材料。对于目前我国城市公共环境建筑中片面追求艺术效果、导致材料大量浪费的现象，必须规范材料使用技术。城市环境的美好不仅表现在公共环境设计的美观上，还应该体现在建筑的人文关怀上。公共环境的设计上避免对于大众尤其是特殊群体造成身心的安全隐患，从颜色上尽量选择环保舒适的颜色，在环保的基础上可以选择能够给老人小孩这些特殊人群以帮助的材料，尽量满足不同人群的需求，实现公共设施的价值最大化利用。

二、壁画与公共空间设计

（一）壁画与公共环境艺术的理论概述

1.壁画的定义和种类

在壁画中"壁"是关键所在，包含所有能够借助平面展现的东西。比如墙壁、地面、门窗、天花板等。现代对壁画的定义将壁画与公共环境艺术紧密地联系起来，以此来表明壁画拥有丰富多彩的表现方式。壁画的种类同其表现形式一样丰富多彩，主要可以分为以下三种：一是平面形式的壁画，这种壁画主要在二维的平面中展现；二是立体形式的壁画，主要在三维立体空间中展现，比如各种浮雕、高浮雕等；三是动态形式的壁画，此类壁画的展现需要借助先进的科技手段，通过这些科技手段才能观看动态壁画。

2.壁画与公共空间设计艺术的关系

公共空间是一个整体，它包含自然环境、人文环境和社会环境等多个要素，综合性是其特点之一。人们的日常生活都是在公共空间中进行的，公共空间艺术给人们带来了多姿多彩的艺术享受。壁画是公共空间艺术不可或缺的部分，也是对公共空间艺术的完美诠释和拓展，是环境的美化物，亦是环境的一部分。壁画的内容要积极向上，与时代发展的主题相适应；壁画的尺寸设计则应与周边环境高度协调。壁画是对环境的诠释也是对环境的拓展，可以使有限的普通空间升级为拥有无限艺术魅力的艺术空间。因此，壁画作为公共空间艺术的重要构成部分，应当积极参与到城市建设当中，担负起营造城市气氛和美化城市形象的责任，营造优美的公共环境。

（二）公共空间中壁画的特点及其价值表现

1.公共空间中壁画的特点

首先是整体性。根据不同建筑物的特点在其表面加入与之相适应的壁画，可以使建筑物与周围的环境相融合，形成一个协调统一的整体。壁画有美化周边环境的作用，但如果壁画的内容过于激进或者不符合社会发展的需要，也会影响其与周边环境的协调性，甚至恶化环境。因此，在建造壁画时要仔细观察周边环境，选择合适的题材和内容，使壁画与环境相协调，这样才能充分发挥壁画的美化作用。

其次是附属性。壁画相比普通的绘画作品有其独有的特点，需要借助墙壁、建筑物等载体来展现，这一特色增加了壁画的艺术价值和审美价值。壁画与公共环境是一个有机的整体，既依附于彼此也在无形中相互制约，这也使得壁画独具新颖性，多了一份与众不同的艺术意义。

最后是多样性。除了附属性，壁画还具有多样性，这种多样性体现在表现形式、依附物的多样性等方面，壁画的多样性丰富了公共环境的艺术性。墙壁、天花板、建筑物等依附物的不同也使壁画的样式更具多样性。此外，随着社会经济的发展，科技手段也被广泛应用到壁画之中。

2.壁画在环境艺术中的价值表现

壁画的应用价值主要体现在以下两点：

（1）壁画的感官价值

怎样才能让壁画最大程度地发挥其感官价值，可以从这两个方面入手。一方面是壁画的尺寸设计。在设计壁画前要先调查好周围环境空间的大小，使壁画的尺寸与周围环境相协调。既不要太突兀，也不要太不起眼，壁画要与周围环境形成一个和谐的整体。另一方面是内容与表现形式的创新。内容和表现形式是决定作品质量高低的关键因素，只有将两者完美融合，才能创作出质量上乘的优秀作品，壁画作品的创作也是如此。有世界最大"白鹤陶瓷壁画"之称的陶瓷壁画中"白鹤"采用陶瓷板的材质，在内容上以湿地公园的白鹤为作品的主元素，通过各种元素和色彩的合理搭配，生动形象地展现出一幅环境秀美、白鹤翱翔的自然生态风光，给人的视觉感受十分优美。

（2）壁画的文化价值

首先是其具有的教育意义。壁画有特殊的教育意义。将某一重大的历史事件通过壁画的形式展现出来，既可以纪念这一历史事件，又可以提醒人们铭记历史，传递历史事件所展现的精神和正能量，起到一定的教育意义。壁画在丰富人们审美观的同时也在向大众传递着美学的理念。运用不同的艺术表达方式展示壁画的具体内容，这也使壁画拥有了浓浓的文化韵味。古代东方壁画运用的表现手法大多较为委婉和抽象，传递出独特的历史韵味，也使得四周环境更为古朴和朦胧。现代壁画既可以展现热情高雅的情调，也可以加入活泼亮丽的色彩。既可以展现先进的科学技术，也可以传递浓浓的历史韵味。

（三）壁画的多元化发展

壁画的多元发展一直都在进行。经济全球化将世界紧密联系到一起，科技缩短了人与人之间的距离，文化交流越来越密切，人们的价值观念也逐渐趋同，而艺术则趋向于多元化方向发展。壁画艺术作为艺术的子类型之一也处于多元化的发展状态之中，这种多元化的发展首先体现在概念的变化上，壁画艺术传统的概念已经渐渐模糊，分类逐渐细化。其次，壁画艺术的表现形式相互影响、相互作用。壁画的表现形式多，用材多样，可以改变空间环境，参与空间环境的二次创造。随着人们对美的理解不断加深，追求美应当更贴近生活，更真实自然并可以起到引人深思的作用。科技与环境逐渐融合，借助科技的力量去顺应自然，与环境相协调，改变以往改造自然的观念。这种观念也在一定程度上丰富了公共环境艺术及壁画的视觉语言与价值。新的表现形式、新的观念、新的内容使壁画和公共艺术日益多元化，并充满新的文化元素。

三、地景设施与公共空间设计

（一）地景设施与环境艺术的互动

地景设施，就是指地面上的一些景观与设施的总称，它属于环境艺术的一个局部分类，受到环境艺术设计思想的限制。它同样也是公共艺术的一个分支，因此，地景设施具有较强的公共艺术特性。首先，起到总揽全局作用的是环境设计，只有在它的基础上，公共艺术与地景设施才能够充分发挥其个性。在现代设计中，关于整体与局部、群体与个体之间的关系更加被重视，比如在现代雕塑中，它主要强调的就是它的通透、材料以及它与特定环境的连续性。如果环境发生了改变，雕塑的色、形、质等也会发生改变，从而与环境相呼应。其次，地景设施能够影响周围的环境，并对其进行美化。

作为一种景观元素，地景设施不仅要有良好的外观形象和丰富的内涵内容，还必须具有较强的亲和力、亲近感和感染力。地景设施以受众为功能客体，强调让人有第一感觉。无论是指示牌、雕塑，还是大门、路灯，它们与周围环境融为一体，对人们具有导向型作用，给人们留下深刻印象。因此，地景设施与场地之间存在一种特殊的关系——公众参与。地景设施是公众所共有的，是公众的共同财产，人们可以坐在椅子上，可以躺在躺椅上，可以踏在石阶上，可以观看周围的景色等等。地景设施有着很强的大众参与性，与大众的关系十分密切。人们可以很自然地感受到它的冷热感应、触觉肌理等，从而在心底里产生各种各样的知觉感受。在这个过程中，人们对于环境的印象逐渐淡化，人们开始通过这种亲身感受来代替对于整体环境的观感。

从形态构成的原理上说，点是最活跃积极的元素，能够吸引人们的注意力。在视觉空间里，人们往往将一些有一定形状和位置的物体布置于建筑物周围或场地上，比如一条道路上的井盖可以被看作点与线的关系，绿化中的休息椅可以被看作点与面的关系，建筑前的雕塑可以被看作点与体的关系等。由于视觉规律的影响，当人们注视着这些景物的时候，这些点状设施还会与人的视线发生关系，从而使主景与次景发生变异，建筑物原本是主景，建筑物前的雕塑是次景，发生变异之后，二者的主体地位就发生了改变。正是由于这种现象，我们要重视地景设施，要利用这种视觉现象，使它为整个环境服务，优化环境。特别是在一些不好的环境中，可以插入一些地景设施，然后改变人们的视觉主体，从而改善环境。

（二）地景设施与环境艺术设计思维

1.地景设施与建筑环境

目前，现代建筑往往风格比较统一，虽然规划整齐，可是却缺乏各自的独特性。建筑的形状主要以几何形态存在，颜色普遍使用低纯度色，虽然这样减少了鲜艳颜色对人的视觉刺激，但是过于单调乏味，缺乏活力。而且，建筑材料通常使用天然材料，呈现出一种厚重、规整的特质。总体来说，目前的建筑设施比较单调统一，缺乏特色，无法满足人们的需求。建筑空间主要由墙体和地面构成，因此，可以利用地景设施改变这个现状。一般情况下，地景设施比较自由，受到工艺以及材料的制约较少，可以创造变幻各种形态，可塑性比较强。在建筑环境中，地景设施可以与周围建筑环境形成对比，从而激活整体环境。在现代设计中，这种运用已经非常广泛。比如，智利圣地亚哥的一个装置作品就采用了地景设施的方法，改变了其环境的氛围，吸引着人们参与其中。这里的建筑是一个比较大的实体，它主要由垂直线与水平线构成，材料主要是铝板与玻璃，展现出一种厚重感与稳定感。不过，它的地景设施改变了这个建筑环境给人的氛围，从而使得环境不同于之前的稳定，而是显示出一种比较亲切自由的氛围。在古建筑环境中，可以使埋入地下的建筑构件露出一角，作为标识，说明此处存在着古建筑，而且这样也比较醒目，使人们很容易注意到它。在空间布局中，地景设施与主建筑环境相互呼应，相互对比，能够向人们提供信息，也能够渲染建筑环境中的氛围。

2. 地景设施与道路环境

针对不同的道路环境，可以设置不同类型的地景设施，使之发挥各自的功能。道路通常可以分为多种类型，针对快速路来说，由于人们行驶速度往往很快，不能设置过多的地景设施，以免干扰驾驶者，不过，可以在一些节点部位设置一些地景设施，来减轻人们枯燥乏味的感觉，减轻人们的疲劳感。针对慢速路以及人行道来说，由于人们往往行走得比较慢，不慌不忙，在这种道路上就可以设置多一些地景设施，吸引人们的注意力，美化周边环境，给人带来一种良好的审美感受。人们在人行道上散步，累了可以坐在桌凳上，可以坐在台阶上，清风徐来，一派悠然闲适之感。

3. 地景设施与水环境

在环境设计过程中，水体景观是一个十分重要的内容，占据着举足轻重的地位。水不仅是人类生活中必不可少的物质，而且具有净化水质和调节气候等多种功能，水是生命之源。因此，在环境中免不了遇到各种水体景观，城市里有很多水景公园和湖泊等人工水域供人们休憩娱乐，同时也为人类提供生活用水。在传统的水体景观中，水体景观主要是植物式的或者是静态式的。现在的水体景观则更加倾向于参与其中，也就是说，现在的水体景观更加倾向亲水，人们可以与水体景观进行互动，在水边乘凉、嬉戏等等，放松身心，以水养性。因此水景营造成为一种新趋势，它不仅可以满足人类对美的追求和渴望，而且还具有净化水质、美化城市等功能。目前，人们亲水的最好的途径就是通过地景设施来实现，比如，在美国华盛顿就有一个十分鲜明的例子，这里有一个特殊的地景设施，墙体与石材相连接，在冬天与夏日能够发挥不同的功能。在冬天的时候，它就如同普通的墙壁一般，坚固而安全，到了夏天，墙体与石材的接缝处会有清泉流出，伴着夏日的阳光十分的清爽，它就像一个天然的"空气调节器"，能够调节气候，舒缓心情。水墙可以在一定程度上缓解城市高温和干燥带来的不适，同时还能让你感到一种清爽惬意的感觉。它不仅能使人感到亲切和舒适，同时还具有装饰作用。另外，有的商场利用水幕来吸引人的注意力，使更多的顾客能够来店里消费。在商场入口扶梯处，设计者将呆板的墙壁广告设计成两侧水幕，伴随着水声，人们的心灵仿佛得到了净化，这种水幕利用水流形成水雾或雾状来进行艺术装饰，它可以使消费者在观看过程中感受到视觉与触觉的双重享受，并产生身临其境之感，营造出一种独特的氛围，给人留下深刻印象，同时也能激起人们进入商场的兴趣。

4.地景设施与照明环境

根据不同的照明环境特点，可以为其设置不同的地景设施。一般情况下，照明主要包含两部分，即功能照明与装饰照明。功能照明，顾名思义，其着重照明的使用功能，照亮黑暗，在夜里为人们的前行指路。装饰照明，其着重装饰功能，利用灯光来显示出某种艺术效果，美化环境，烘托氛围。装饰照明需要考虑多个方面，既要使得白天的照明设施与周围环境相契合，又要使得晚上的照明效果极具美观与艺术性，采用不同的照明手法，显示出照明层次的虚与实、聚与散、强与弱的相互关系，从而使其达到最好的艺术效果。比如，设计者将照明设施的灯光设计成树形，这样在夜间就形成了"夜间绿化"环境，与白天真实的树木绿化景观相互映衬，十分的有趣味性，而且这也体现了保护自然的意识。在环境艺设计过程中，需要从多个角度来观察，考虑多方面的因素。地景设施只是其中的一个因素，但是它的定位、取向、形式等都会影响着整个环境。因此，必须准确把握环境艺术与地景设施之间的关系，既服从整体的需要，又发挥地景设施的个性特色，同时考虑不同环境的特定内涵，才能设计出理想的地景设施，达到人文与自然的和谐统一，创造出适合人居住的环境。①

---

① 胡卫华.环境艺术设计的实践与创新 [M].南京：江苏凤凰美术出版社，2018.

第五章　环境艺术设计的教育

随着社会的发展，人们对于环境艺术设计方面越来越重视，对于环境艺术设计人才的要求越来越高。本章主要讲述环境艺术设计的教育，主要从两方面进行阐述，分别是环境艺术设计的人才培养以及环境艺术设计的教育建设。

第一节　环境艺术设计的人才培养

一、环境艺术设计人才应具备的素质

（一）对素质的理解

素质通常是指人们应当具有的某种品质与素养，素质并不是先天形成的，而是需要在日常生活、学习中不断养成，需要教育以及周围环境的影响，它是一种内在的品质，可以通过人的外在行为表现展现出来。随着经济与社会的发展，目前，教育领域一个比较重要的理念就是要进行素质教育，那么，素质教育又是什么呢？所谓素质教育，就是指要全面贯彻落实党的教育方针，以人才素质为宗旨，培养全体学生，促进学生的全面发展。素质教育并不只是对学生进行文化知识的教育，包含多项内容，如文化素质、身体心理素质、政治思想道德素质、专业技术业务素质等。在这些素质教育内容中，最重要的是政治思想道德素质，它是进行其他所有教育内容的先导与方向。文化素质是学生们学习其他教育内容的基础。一个健康的身心素质是条件，如果没有良好的身心作为条件，那么所有的一切都无法实现。专业技术业务素质是本领，它是人们在社会上得以生存的根本。

（二）环境艺术设计人才应具备的素质

对于环境艺术设计来说，构思是最为重要的，它是设计创作的灵魂。一个专业的环境艺术设计人才，必须要掌握好的构思方法，具备良好的构思能力，养成勤构思的好习惯。第一，在日常生活中，他们要善于构观察，善于思考，综合考虑现场的环境条件与设计的各方面要求，不断激发自己创作的灵感。第二，他们还要能够将城市的建筑形态与文化历史相结合，从文化方面对其进行构思。第三，他们要能够从结构方面以及技术特征方面来对其带来的空间形象与艺术效果进行构思。第四，他们要能够利用美的创作规律，根据当时的时代特点进行创造，创作出有时代特色的形象。

在环境艺术设计中，空间十分重要，它是设计的主体。对于设计师来说，其表达的内涵都是以环境空间艺术设计为中心进行的。因此，对于环境艺术设计人才来说，必须要掌握环境空间设计的艺术手法，了解其规律，由浅入深，层层递进，从而创作出真正的完美的环境空间艺术设计作品。

从古时候起，人们便开始建造房屋，聚集在某一个特定的范围之中。在现代，人居住在各种建筑组成的空间场所之中，这些建筑往往具有不同的功能，分属于不同的类型。这些空间场所往往都是环境艺术设计师利用形象来进行塑造的。因此，对于一名优秀的环境艺术设计工作者来说，他不仅需要具备扎实的专业知识和技能，同时还必须要有良好的形象思维能力。他们还要具备敏锐的观察能力以及良好的分析能力和记忆能力，在敏锐地观察周边事物时，能够对其进行分析记忆，转化为脑海中各种类型的形象。在当今世界上，形形色色的信息和材料充斥在人们生活的空间。面对这些纷繁复杂的信息，我们只有从这些信息中择其精华才有可能做出正确的选择，才能更好地利用和开发这些资源，以满足人自身发展的需要。所以，一个合格的环境艺术设计人才必须要善于检索信息、整合信息、应用信息，他们应该掌握一定的搜集和处理信息的方法，以便有效利用这些信息资源去完成设计任务。而要掌握这种方法，就必须建立在大量搜集信息、整合处理信息的基础之上，只有在不断地实践之中，才能更好地掌握搜集和处理信息的技能，找到规律。另外，一个合格的环境艺术设计人才必须还要掌握运用"图示语言"表达自己的想法构思的能力。所谓"图示语言"，就是将设计者头脑里所形成的概念化图形以文字或图表的方式表达出来的一种方式。也就是说，设计人才既要有丰富的设计经验，还要有深厚的绘画功底，这样，他们才能够更好地将脑海中的构思想法表达出来，然后将这种美好的形象呈献给大家。

二、环境艺术设计专业人才培养的意义

随着经济的发展，人们的生活得到了很大的改善，生活水平逐渐提高，生活质量越来越好，人们也开始提出了更高的要求。目前，人们对于居住环境越来越重视，品味也逐渐提高，人们迫切希望改良如今的生活居住环境，在这种背景下，环境艺术设计专业应运而生。随着时间的推移，它也逐渐成为一门独立的学科，深受社会普遍喜爱。在 20 世纪中期，欧美国家率先关注到环境艺术设计专业，并对其进行不断地发展。在我国，环境艺术设计专业大约是 20 世纪 80 年代开始发展起来的，目前在这个领域也取得了一些成就。

20 世纪 80 年代，我国城市化发展迅速，这给环境艺术设计行业提供了机遇，同时也给它带来了极大的挑战，但不可否认的是，它推动了环境艺术设计行业的发展。在这个时候，各个高校也顺应时势，开始调整教学计划，为社会培养更多的环境艺术设计行业的专业人才。环境艺术设计行业是一个比较系统的工程，它主要是对人类的生存环境进行设计，在内容方面包含了许多要素。因此，对于环境艺术设计行业的学生来说，社会对其要求是很高的，这就要求各个高校需要提高环境艺术设计行业的人才培养标准，提高教师的教学质量，提高学生的综合素质与专业能力，从而使其更好地为社会做贡献。

三、环境艺术设计专业人才的培养原则

（一）要遵循预见性和适应性的原则

目前，社会就业问题日益严峻，对于在校学生来说，压力倍增，在这种背景下，高校在培养环境艺术设计行业的人才时，必须要遵循预见性和适应性的原则。高校要了解当前的就业市场趋势，要仔细考察，了解就业市场的需求，依据就业市场的需求制订人才培养计划，确定人才培养模式与标准，为社会培养实用型人才。高校要遵循适应性原则，在培养专业性人才时要注意提高学生的工作适应性，使其能够更好地为社会服务。对于环境艺术设计行业来说，教学与工作完全是不

同的范围与深度，工作对于环境艺术设计行业的学生的要求更高，更严格。因此，高校在教学时要充分了解行业对于自身职业素质的具体标准，从而按照其具体内容来培养更加专业的、高素质的、符合社会需要的人才。

（二）要遵循系统性的原则

在培养环境艺术设计行业的人才时，还要遵循系统性的原则。环境艺术设计行业是一门综合性比较强的专业，它涉及艺术学、绿化学、建筑学等多个领域，具有交叉性、融合性以及渗透性等特征。因此，在进行环境艺术设计行业的人才培养时，必须要考虑其专业特点，分析其专业情况，对其加以重视，然后依照系统性原则对学生进行教学，不断拓展学生的知识面，开阔学生的眼界，增强其综合素质，不断提高其思维水平，培养出更加专业的环境艺术设计人才。

（三）要遵循特色性的原则

在对环境艺术设计行业的学生进行人才培养时，要遵循特色性原则。所谓特色，主要是指不同点，在许多高校中都有环境艺术设计行业，但是这些高校的地区、师资力量、教育资源等都是不同的。因此，高校在培养环境艺术设计行业的人才时，要根据自己高校的特点来选择合适的教学方式。目前我国对于环境艺术设计专业人才的需求逐渐增多，而传统的教学模式已经难以满足这一要求了。各个高校可以依据自身的优势，培养出更强的环境艺术设计人才，比如，相比起其他院校，那些建筑类或者园林类的院校内的环境艺术设计专业的人才往往发展得更好。主要原因是，环境艺术设计与园林、建筑专业有相似之处。联系比较紧密，环境艺术设计专业的人才能够获得更广阔的知识，理解也更加深刻。因此，高校应该根据自身的特点，发挥自身的优势学科，从而促进环境艺术设计专业人才的培养。

（四）要遵循创造性的原则

所谓创造性原则，就是指在环境艺术设计行业中，教师要培养学生的创造性思维，引导学生积极思考，让学生能独立策划环境艺术设计，同时组织学生共同探讨，深入交流。由于环境艺术本身具有一定的独特性和艺术性，所以需要教师将其作为主要的教学内容，而不是仅仅局限于传统教学模式中，也不能只向学生传授知识与技术。在环境艺术设计行业中，创造性尤为重要，如果人人的设计作品都是统一的，千篇一律，那么这样的作品便算不上是设计，更称不上是艺术。而且，长期在这样的环境下学习，学生也会变得越来越枯燥，创造性思维被限制，不利于其成长。因此，教师在进行环境艺术设计教育时不仅要让学生掌握一定的专业知识，更重要的是要注重对学生创新能力和创新意识的培养，不断提高学生的创造能力。

四、对环境艺术设计人才的培养策略

（一）提高学生的综合素质

前面我们已经知道，环境艺术设计，是一个综合性比较强的学科，因此，要培养环境艺术设计的专业人才，需要提高学生的综合素质。而要提高学生的综合素质，高校的环境艺术设计教学就需要做到这几点，办学模式要发生转变，由封闭转向开放，高校必须要与社会接轨，依据社会对环境艺术设计专业人才的要求来对学生进行教学；教学方式要进行转变，之前传统的以教学、科研为中心的教学方式已经无法适应现在的社会需求了，必须转变教学方式，将教学与科研、生产结合起来，形成一种新的教学模式，来对学生进行教学。同时，环境艺术设计专业还需要根据社会的需求更新教学内容与教学方式，不断地深入探索。另外，高校还要发挥多学科与交叉学科的优势，将环境艺术设计专业从单一学科向着学科群的方向转变。高校在培养学生成才时，也要注意不能仅仅向学生传播知识，而是要培养学生的创造能力，培养学生的个性与素质，潜移默化地熏陶学生，引导他们形成创造性思维，不断增强学生的综合素质，使他们能够承担起各种社会职能。

（二）拓宽环境艺术设计教育的领域

环境艺术设计专业是一门综合性比较强的学科，教师在教学时要拓宽环境艺术设计教育的领域，开阔学生的眼界，使他们不断汲取新的知识。教师还要引导学生发现问题、提出问题、解决问题，促使学生学会学习，使他们能够明确自己应该承担的责任，不断提高学生的学习能力与责任感，使他们能够立足于环境设计领域，为社会服务。

五、未来环境艺术设计师的角色

环境艺术设计师，其工作职责就是对环境进行建设与设计，使之更美好和谐。在我国，随着社会的发展，人们生活水平不断提高，城市面貌日新月异，对于环境艺术设计师有很大的需求，对其要求也越来越高。他们从城乡环境建设入手，首先考察其具体环境以及需求，然后利用自己的专业知识与技能，对其进行策划与改造，使其既符合艺术美学，又符合人们的具体需求。环境艺术设计师利用自己的美学知识对环境的空间、形态、色彩、功能等进行了一系列的策划研究，确定其总体规划，使之既美观又和谐，通过文字、图纸以及模型等具体描述总体的艺术规划设计，讲解其具体表现。然后针对环境的空间造型、公共设施、尺度关系、声音系统、色彩系统等进行具体的深化设计分析，通过对方案内容和技术要求进行充分论证分析，结合业主提出的具体指标要求，最终形成设计方案，作为整个项目的依据。在工程实施期间，要与委托方和建设方相互配合，处理好各自的关系，协调合作，保证好施工质量与美学品质，从而建造出一个适宜的、优美的环境。

对于环境艺术设计师来说，其最基本的目标就是要建设城乡环境，使之不至于过度杂乱无章，保护和利用自然环境与人文环境，美化人类的居住地，使之更适宜人类生存。环境设计是一项系统工程，它不仅需要有丰富而深厚的文化底蕴，还必须具有一定的美学知识及审美情趣。环境艺术设计师的出发点是艺术理论与艺术方法，他们既要遵循设计原则和美学原理，同时也必须具有自己独特而新颖的艺术风格，这样才能够创造出最好的艺术效果。

在环境艺术设计学科蓬勃发展的背景下，目前有一个比较重要的问题需要解决，那就是环境艺术科学化与环境科学艺术化的问题，这个问题与环境总体的艺术效果有关，是一个比较宏观的问题。环境艺术科学化与环境科学艺术化的问题，无非就是环境的艺术与科学的问题，在环境设计过程中，环境艺术设计者需要兼顾艺术与科学，并将它们二者结合起来，用全新的态度去看待社会，看待问题要更加宏观，从整体上去看待问题，处理问题，设计好环境综合体。他们要解决城乡建设问题，不仅要具备美学与设计学相关的知识与技能，还必须要有敏锐而深刻的洞察力、独特的想象力和强烈的创新意识，以及丰富的人文知识。在建设城乡环境时，要注重自然环境与人文环境的结合，使之能够具有城市本身的特色，成为城市发展的名牌。目前，环境问题日益严重，如何保护自然环境与人文环境，如何实现人与自然和谐共处，如何促进历史文化与现代文明的和谐共生，已经成为一个十分严峻的问题。在这个过程中，这一过程中他们要始终秉承"以人为本"的理念，把人与自然、社会以及人类自身作为共同研究的课题，将设计的各个方面统一起来，将这种整体性作为一种理念融入其中，使之在这种统一的功能与融合的前提下发展。在设计的全过程中，遵循一体化的艺术思想，充分体现环境艺术的"系统性"与"全过程"。

在环境艺术设计过程中，要满足人与社会的需要，要尊重自然环境与人文环境，不断打造更加舒适、和谐、美观的人类居住环境。环境艺术设计涉及多个学科领域，统筹各个专业，因此，在环境艺术设计中出现问题时要综合地看待与解决。在环境艺术设计实践过程中，要注重对环境的整体艺术思考，要具有批判性思想，从多个方面进行考虑，在实践中不断完善自己的理论知识与艺术手段，更好地为社会服务。对于未来的环境艺术设计师来说，他们必须要掌握更多的环境艺术知识和相关技能，与园林设计师、建筑设计师、景观设计师、规划设计师等紧密配合，互相取长补短，共同创造出符合人类要求的、美观的居住环境，为人类做出更大贡献。

六、基于对高校环境艺术设计专业人才培养的思考

在对高校环境艺术设计专业进行人才培养时，应该以当前经济社会发展的实际情况为基础，并结合专业的教学实践，依托于传统文化和现代文明，把人类的需求作为自己的出发点，对理念进行更新，改变思维方式，对教学体制进行变革，对课程体系进行创新，对目标和服务方向进行调整，最终走出一条与教育发展相适应的多元化办学模式，进而对高校学生的专业知识结构进行优化，为社会培养出更多的、更优秀的环境艺术设计人才。

（一）高校环境艺术设计专业人才培养的合理定位

在环境艺术设计中，需要将现代的科学技术与艺术融合在一起，实现为人类营造舒适的生活方式、居住环境、工作环境的目的。对于在环境中，人的行为与需求，设计者需要有深刻的了解与研究，同时对于现代的科学技术、施工工序也

应该熟悉掌握，并且还能对市场的发展趋势和前景作出判断。环境艺术设计主要是借助于产品的形式进行展现，只有在实践中得到认可，才能得到社会的承认。高职环境艺术设计专业所培养的人并非是作为单纯的艺术家，不是纯粹的工程师，而是有着较高的要求，要求对专业所需要的知识体系进行架构和掌握，及时更新市场价值观念，接受人文关怀的理念教育，培养学生的创新能力，以上这些都是作为一名优秀的设计师所必须具备的基本职业素养。

1.高校环境艺术设计的专业特点

作为环境艺术设计的产品，应该具备个性化和标准化的特征，除此之外，还应该体现出产品中所包含的物质属性和精神属性，具有美观、实用、经济等特点，要达到以上的要求，就应该在专业的环境艺术设计的教学中实现多元化的知识结构体系教学。

第一，实用性。设计的首要任务就是满足人们的物质需要。而精神需要则是比物质需要更高一层的需要，也就是感官需要。对环境艺术设计的基础知识进行科学的、系统的学习。例如：制图知识、加工工艺知识、材料知识、计算机辅助设计知识等，这对于学生对于解决设计适用性的基本方法进行掌握。人们在满足其使用功能的条件下，对形式感的关注度更高。基于此，作为环境艺术设计人员应具备专业的学科知识、深厚的文化素养以及丰富多彩的生活经验，并且可以对民族志的特色、社会的意识以及地域的文化等进行准确把握，实现审美功能与使用功能的结合，在此过程中获得创新的灵感和源泉。

第二，文化性。任何一种设计，除了满足物质功能之外，也要满足人们的美学趣味，只有这样才会有生命力和活力。由于当地的文化以及地方环境会对环境艺术设计产生影响，并且环境艺术设计的服务对象有着很大的差异性，这就需要设计者具备相关的人文知识和历史知识，只有这样，才能设计出与环境要求相吻合、相匹配的作品。因此，在专业的环境艺术设计的课程中，培养学生的素描、速写能力，培训学生对于色彩的运用能力，培养学生的多维空间构成能力。

第三，经济性。对于环境艺术设计来说，产品是其最终的形式，借助于经济规律和市场来实现价值。要想使产品有较好的经济效益和社会效益，应该在进行设计开始前，进行基本的市场调研，比如需求、现状、材质工艺等方面的调研，并对产品价值和成本的关系进行研究，从而选择最合适的、科学的结构、材料、施工形式等。所以，在教学过程中，一定要让学生既要具备市场营销学、设计心理学等方面的知识和能力，又要具备必要的法律知识，从而提高他们的法治意识。

2. 环境艺术设计学生的专业知识体系建构

在新的时代背景下，高校面临着全面推进素质教育，培养高素质的人才，培养技能型的创新人才的历史任务。因此，高校应该紧跟时代的潮流，不断更新教育的理念，创新人才培养的模式。以环境艺术设计专业为例，提出了以培养学生综合素养为重点的知识体系建设的思路。

（1）设计表现能力

设计表现的内容非常多，比如构思草图、模型、效果图等，这些都是表达设计者设计思维的手段。

（2）思维创新能力

"设计是一种创造行为，创造性是设计的生命。[①]"设计师的创作是以扎实的理论知识和丰富的实践经验为基础，是对观察力、想象力、理解力的综合运用。

（3）综合运用能力

在当今的时代，人们对团队合作的重视程度越来越高，因此，在进行高校教育的过程中，也应注重这一点。专业实践活动多面临的一方面是传统意义上对专业知识的运用，另一方面面临着设计师需要对各种知识进行综合运用，以此来满足环境需求。在教学过程中，通过适当的指导，能够使学生具备优秀的设计品质，这对于未来的设计者来说是非常重要的，所以，应该在整个的知识结构体系中，贯穿理想与价值观的培养。在环境艺术设计专业中，要注重培养学生的世界观和人格，培育学生的创新意识。在强化个人意志品质的同时，还应该帮助他们摆脱自我的桎梏，使他们重新获得创新个性。要想提高大学生的创新实践能力，除了要强化实践性训练外，还需要家长、企业和社会的积极配合，积极为大学生搭建更多的成长平台。

（二）推进高校环境艺术设计专业教学改革

1. 调整人才培养方向

在设计教育中，要重视对文化的传承，重视设计中的人文内涵，重视对民族

---

① 胡卫华. 环境艺术设计的实践与创新 [M]. 南京：江苏凤凰美术出版社，2018.

文化的发掘，重视对民族文化的传承。第一，站在人格教育和全面素质教育的角度，培育学生的艺术设计的创新能力和创造能力。第二，要满足社会主义市场经济发展的需要，适时调整专业定位和培养目标，强化课程体系和优化专业结构；同时，还要对市场发展进行前瞻性的预测，调剂冷门专业和热门专业，使得学校专业合理搭配。高校应根据当地的经济发展情况，立足于自身的发展情况，逐步形成自己的办学特色。

2.突显环境艺术设计特色

环境艺术设计的每一种物质形态，都有其独特的文化背景与深刻内涵。身为环境艺术设计专业的学生，要具备深厚的文化素养，在设计作品时，要对其所在地区的历史背景、经济概况、民族特点、思想演变等带有民族化观念的因素进行考虑。在环境艺术设计专业的课程设置上，应增设一些课程，比如社会学和人文地理学；在教学内容方面，要突出人文思想，强化民族精神，将多种有关要素有机地结合起来，陶冶学生的情操，塑造学生超越的人生境界，培养出具有国家责任感和使命感的青年；在课程结构方面，要注重每一门课程之间的关联性和课程的难易程度，同时还要兼顾到每一门课程之间的连贯性，实现课程体系的整体化，对基础课的教学进行丰富并进行创新，在人才的培养过程中，将人文因素、历史积淀、民族精神等因素进行综合运用，从而对高校学生的民族精神进行有效的培育。

3.加强师资队伍建设

高校应积极开展教师培养、转岗培训和专业人才的引进，为满足高校迅速发展的要求，必须更新教师的专业知识体系，提高教师的教学能力、科研能力和实践能力。采用以老带新、以新促老、以评促教等方法提高教师的整体教学水平；开展专题教研活动和学术讨论，交流教学经验，取长补短、开阔视野，从而增强教学的先进性。采取学历教育、专业学习进修、岗位培训、挂职锻炼等多种渠道提高教师队伍的整体素质。改进教学方法和手段，提高教学效率。在进行专业教学的时候，教师可以使用现代教学手段，呈现出课堂、试验、网络教学的三位一体的教学模式，在相互促进中，让教学过程具有交互性，实现对大学生的实际操作技能进行全方位的提升。在课堂上，教师应充分利用探究学习、自主学习、合作学习等多种方式，使学生在课堂上获得更好的学习体验，提高学生的综合素质。建立以网络、计算机、多媒体为主要手段的新型教学模式；可以创设教学情境，有效地将学生的学习积极性和参与性都激发起来，教师可以对不同的教学方法进行灵活应用，从而实现最优的教学过程，达到最好的教学效果。

作为环艺专业的教师，我们必须树立时代意识，转变观念，根据市场的需求和高校教育的特点、要求，立足民族本位，主动把握时代的脉搏，在环境艺术设计课程建设上大胆改革，敢于创新，着重培养学生的专业素养和职业能力，造就具备适应社会需要的高技能环艺设计专业人才，为社会设计出更多更优的作品。

七、建筑室内环境艺术设计的人才培养

室内设计的实质，是运用艺术的手段对人们生活环境进行的物质改造，从而实现美化环境的作用。建筑的室内环境艺术设计主要指的是在人们对营造美好的家庭生存环境的追求的背景下，渐渐提高对于休闲、工作以及其他生活环境的设计要求，这一方面可以体现人们的生活物质水平在不断提高，另一方面可以体现人们对于精神的追求，对于美好生活环境的追求，这也是人生存的基本要求。建筑内部的环境跟人们的生活有着密切的关系，它对人们的心情、审美、生活情趣、生活质量等都有直接的影响。所以，创造出一个良好的建筑室内环境的艺术设计，并培养出一批专业的设计人才，成为迫切需要解决的问题。

（一）我国建筑室内环境艺术设计教育的理论基础

随着我国改革开放的深入，新的观念对传统的教育观念产生了巨大的影响和冲击。在国外各种先进的理论和设计理念的冲击下，国内的环境设计业界已经认识到，室内设计并非是单纯的理论学习和堆砌，我国的环境艺术设计在经历了最初的探索时期后，已经逐步摸索出一种将哲学、物理、艺术、心理等多个学科融合在一起的设计教学理论，这个时候的室内设计呈现出了多元化的发展趋势，充分重视开发设计的功能，重点体现设计中的人文情怀。在社会分工日益精细的今天，人们对于艺术和美学的要求也在日益提高，所以对于建筑室内环境艺术设计人才的需求也在日益增加并且越来越高，在当前社会中，原先以精英教育为主的设计师的培养方式已经不能适应当前对于设计人才的需求和要求。尽管我国的室

内环境艺术设计教育起步较晚，但其发展依然十分迅猛。尤其是近几年来，随着房地产行业的持续发展，我国的室内环境设计进入了一个发展的黄金时代，出现了大量高质量的作品。

（二）我国建筑室内环境艺术设计培养人才的定位

从我国建筑内部环境的发展情况以及教育的发展历程来看，尽管室内环境艺术设计起源于国外的文化的教育理念和教育模式，但是，长时间在本土上的发展与传播，室内环境艺术设计的教育可以让国民实现其对于生产环境品质的追求。尤其是我国在经历了多年的教育探索之后，当前亟需提高设计者的凸显我国民族精神、民族个性、民族文化的环境空间设计能力。所以，对于人才的培养定位应该紧随时代的发展，在我国建筑室内环境艺术设计培养人才的教育定位上，要保证在国际上，我国的艺术设计人才具备更强的竞争力。

（三）建筑室内环境艺术设计人才的培养策略与对策

1. 正确认识时代发展的背景

21 世纪是信息时代，在这样的背景下培养建筑室内环境艺术设计人才，最大限度地发挥建筑室内环境的作用，要做好充足的准备，要认清世界经济一体化的潮流和文化交流的大趋势，要积极地与世界上最先进的艺术教育和设计教育进行沟通和交流，要在教学中引进最先进的教学理念、教学方法、教学内容，不断学习现代新技术，实现我国的传统文化与时尚因素的有机融合，对于我国的传统文化中的装饰设计部分的脊髓加以继承和发扬，在保证我国的建筑室内寒假艺术设计人才可以跟上时代的步伐的基础上，保持自身的独有文化和民族特色。比如，在对建筑设计人才进行培养的过程中，要鼓励他们及时地了解国际市场的发展趋势，还要关注关于建筑设计方面国内外的各种比赛，通过比赛和实践来对自己的设计能力进行检验，查找不足之处，从而让自己的设计能力更上一层楼。

2. 深化设计专业教学内容与教学理念的改革

要想让建筑室内环境艺术设计的教学与科学技术的发展同步，就需要改革和更新教学内容和教学观念，主动引入国际和国内的先进设计理念和设计潮流趋势，并对其进行研究和分析，从中总结出一些成功的经验，不断地去除其糟粕，取其精华，将设计教学的具体内容贯彻到适合于教育管理和实践教学的课程体系之中。唯有落实好教育工作，才能培养建筑室内环境艺术设计人才落到实处，进而带动改革本学科的教学工作。应该定期举办室内设计的交流会，同时可以让学生去实地进行现场考察，对于教学内容和方式进行丰富和完善，拓展学生的设计思路与设计视角。尤其是当下，室内设计的真人秀节目在很多电视台出现，设计师可以在这样的游戏竞争和能力考验中，使得自身的处理事情的紧急能力得到锻炼，对于参赛者来说丰厚的奖品也成为很好的助力，利用这些奖金，参赛者可以做许多事情。

3. 调整师资结构

教师队伍的水平是促进建筑室内环境艺术设计教育发展的先决条件和重要保证，教师队伍的素质水平对人才培养的整个过程以及学校的办学质量有着重要的影响，因此，构建一支能够匹配经济社会、社会发展的教师队伍，同时对当前教师的实际操作技能与知识结构进行提升和完善是当务之急。各个高校都有着自己独特的发展优势和方向，通过老师间的定期交流，加强信息的交流与深化，让老师们进行一次富有创意的"头脑风暴"，从而激发老师们的创造力，在这样良好状态下的教师会感染和引导设计专业的学生。另外，高校还可以要求一些校外的建筑装饰设计部门的专业人士来校与学生进行面对面的交流与沟通，让学生接触到行业的最新资讯。各大院校利用各自的优势，通过资源共享的方式共同组建了一个建筑室内环境艺术设计的培训班，并邀请了国内和国外的一些专家来讲课，让设计专业的老师们在不断学习的过程中，对自己的知识体系进行了完善，进而提升了自己的教学质量和教学水平。

4. 加强对学生设计能力的培养

具备较强的实践操作能力，是当前社会对于建筑室内环境艺术设计专业的人才培养的一个要求，基于此，高职院校在对学生进行培养的时候应该注重加强学生的基本设计技能，同时立足于社会对人才的需求与要求，不断提高学生的实际操作能力和水平，展现教育所具有的预见性和前瞻性。不仅如此，还需要培养学生的创新能力、创造能力、操作能力，此外，还应该为学生提供更多的实践机会、实习机会，让他们能够在实践中实现对知识的有效转化，帮助他们能够更好地掌握环境艺术设计的相关知识。

5. 建立系统的人才培养体系

对于建筑室内环境艺术设计来说，其发展不可能是一个独立的过程，在开展艺术设计教育的过程中，还要推动多层次的人才培养计划，构建出一套能适应社会不同层面需求的人才培养体系。比如，一方面需要完善和优化建筑室内环境艺术设计教育，另一方面，分析人们的审美情趣及其发展，根据需求的不同，对设计理念进行调整和优化，只有这样，在完成了设计工作后，才会得到社会的认同，从而在所从事的事业中实现自己的价值。

6. 完善竞争机制

随着建筑室内环境设计行业的发展，其内部的竞争压力也会越来越大，在培育杰出的设计人才时，要将竞争机制的积极作用发挥到最大，最大限度地激发学生的学习热情和积极性，使其始终处于最有活力的状态，进而创作出优秀的、有影响的作品。要想让竞争机制变得更加完善，学校应该充分重视筛选出来的人才，以实力为依据，优先向他们提供就业的机会，或者是出国进行深造的机会等，从而提升竞争的有效性。但在此过程中，也要确保竞争的健康良性发展，不然，过大的竞赛压力将会浇灭学生的热情，打压学生的激情。

7. 构建理论、实践、就业一体化发展的培养机制

人才培养的基础阶段是理论的学习，在建筑室内环境艺术设计的人才培养中，理论只是其中的一环，更重要的是要强化对学生实践能力的培养，构建理论学习、实践操作、优化就业相互结合的培养机制。学校可以将自身的人才与教育的资源充分利用起来，积极建立一个设计室，设计室由师生共同管理，让学生在学习了理论之后，可以及时将理论知识应用到实践中去，还可以在与最前沿的设计团队的交流中，感受到设计的乐趣，从而更好更有效地对学生的设计能力进行培养。

时至今日，我们改革建筑室内环境艺术设计的教学以及对人才培养方案的发展与完善，还有很长的路要走，这就要求我们的艺术设计教育者和从业人员，继续不懈地努力，不懈地探索。目前，国内外对建筑室内环境设计专业的要求越来越高，对人才的需求也朝着多元化的趋势发展。在中华传统文化的基础下，将现代设计思想、设计元素和设计风格有机地融入室内环境艺术的教育中，使其具有鲜明的民族特色，并做好对人才的培养的定位，整合各种专业学科的教学资源，

构建具有民族特色的设计专业教育系统，改革环境艺术设计专业的教学，为国家的环境艺术设计领域提供更多的、高质量的专业技术人员和人才。

第二节　环境艺术设计的教育建设

一、我国环境艺术设计教育的发展现状

从学科的角度来看，环境艺术设计是一门多学科交叉的艺术，在该艺术学科中包含很多方面的内容，比如景观艺术建筑设计、城市规划设计、室内设计等。环境艺术设计的设计对象也涉及各个领域，不仅在自然生态环境领域有所涉及，还涉及人文社会环境领域，是借助于艺术的手法，整合设计人类的生存环境的一种创造性的创新性活动。环境艺术设计具有整体性和综合性的特点，代表着时代的审美潮流，可以体现人们的审美和生活观念。在环境艺术的重要性越来越明显的今天，如何发展环境艺术设计专业，使得专业不断适应时代发展的需要，这成为每一位从业人员所要面对的问题与挑战。

各个国家在经济全球化的大趋势下，相互交流、相互借鉴、相互竞争。越来越多的国家不仅重视和学习其他国家的成功经验，而且，着重研究自身的历史、经济、传统文化、政治等，让教育蕴含本民族的特色，具有独特优势。当前，这种趋势日益显著，深刻影响着 21 世纪的文化发展。纵观历史，我们可以看到，一个国家，只有根植于和依托于本民族的传统文化的精髓，传承和发展民族文化，才能实现社会的和谐进步，就会有一个良好的社会发展过程。相反，既没有扬弃文化中的糟粕，也没有扎根民族传统文化精髓，那么现在摆在我们眼前的就是一个令人担忧的现实。

很多大学的环境艺术设计的培养目标脱离了民族特色，同时，在课程设置方面，也没有开设相应的弘扬民族文化的课程。在教学的过程中，一般采用功能至上的原则进行教学，对一般性的空间造型进行强调，因此，在学生的作业中一般呈现出时尚化、前卫化、国际化的设计倾向，忽略了在空间中传统文化艺术的作用。因此，在学生的创新思想中，很可能会对国家的文化与国家的美学判断慢慢淡化，从而导致他们的作品在现代、信息、商业的表面浮浮沉沉，缺少了中国的

文化魅力和民族的根基。久而久之，我们就会失去自己的评判尺度，失去自己的民族美学趣味，失去自己的立足点和立场。如果我们失去我们的基本立场，那么我们在环境艺术设计中，就会彻底地失去自己的个性和特色。与此同时，社会中严重缺乏环境艺术设计的原创，这对环境艺术设计的和谐与健康发展非常不利。由此可以看出，在我们的环境艺术设计教育中，必须以民族传统文化的精髓为根基，加强学生的民族传统文化的教育，从而提高他们的爱国热情和爱民族的感情。

二、我国环境艺术设计教育的发展探讨

在目前的环境艺术设计教育教学中，怎样在教学中更好地体现出本民族的特点和与之相适应的地域特点呢？作者觉得，目前最重要的问题，就是要从教育观念上着手，在教育中加强人文教育，将我们国家的优良文化传统传承下来，勇于承担起对社会进行改革、对民族审美文化风尚进行创新、传承和革新的责任，只有这样，我们才能在精神层面和文化层次上，从根本上提高环境艺术设计教育的质量和水平。总之，在人文方面和科学方面两种先进理念的指导和影响下，我们的环境艺术教育将会得到更大的发展。在各个学科中，文、史、哲、艺术等人文学科最能将特定的群体文化体现出来，要想实现民族的整体素质的提升，继承和发扬优秀的传统文化，就需要重视民族的优秀传统文化教育，同时完善实践教学，实现具体化、科学化、系统化的教育体系。环境艺术教育是一个非常复杂和庞大的教育体系，本书就以下几个方面进行详细的论述：专业人才培养的定位、课程设置、教学方法与手段等。

（一）专业人才培养的定位

在传统的教育教学中，非常注重专业技能的培养，对文化素质的培养较为忽视，出现片面的教育倾向。在培养的目标上，应该将目标定位为：培养"厚基础、宽专业、强能力、高素质"的复合型的人才，培养研究型的人才。从生源的接收上来看，对于本专业的考生的高考入学的文化课的分数应该逐渐提高，保证招收的学生在基本功上打好基础，让学生具备较为扎实的基础。在进行环境艺术设计专业的教育教学中，应该加强对传统文化的教育，在此基础上提高学生的专业设计能力。在对专业人才进行培养的时候，应该加强培养学生的专业技能，还应该

重视人才的综合素质培养，尤其需要注重对于学生的文化素养的培养。环境艺术设计专业应该具备专业的技能，有着丰富的知识储备。只有在这样的基础上，才能让学生在实际的教学中从技术和科学的角度入手，立足于自身的存在价值，将"以人为本"的设计信念贯穿在整个的环境艺术设计教育教学中。

（二）课程设置

对课程结构进行调整，当前的环境艺术设计的教育课程基本上主要是由公共基础课和专业基础课、专业课组成。主要的公共基础课有《结构素描》《平面构成》《色彩基础》《立体构成》《色彩构成》等；主要的专业基础课有《环境艺术设计原理》《透视学》《专业制图》《计算机辅助设计》《室内陈设》《效果图表现技法》等；主要的专业课有《居室空间设计》《景观设计》《公共空间设计》等。从以上这些课程设置上来看，并不能很好地对学生进行人文教育，存在着人文课程所占比例较小的问题。因此，对于学生的人文素质教育应该积极加强，实现对环境艺术设计专业的学生的设计修改的提升，培养学生可以设计出具有民族内涵和民族特色的设计作品。具体的操作方法是，除了这些核心课程以外，还可以开设环境与健康、传统装饰、民间美术鉴赏、书法、篆刻与鉴赏、人文素养等拓展类的课程。只有在此基础上，才能实现培养出具有高素质的复合型的专业人才的目标，满足当下市场对于环境艺术设计的人才需求。在环境艺术设计教育教学中，应该加强对中国传统文化以及古典文化的作用，充分发挥其在环境艺术设计中的优势，将以往的"重技能训练，轻知识理论""重技轻道""重专业，轻文化"的现象打破[①]。此外，在教学内容上，还可以将中国古典文学艺术经典作品赏析、中国传统文化概论等内容加入环境艺术设计专业的教学中，通过浸染、比对，实现对学生的艺术素养的全面提升。同时，也要注意各专业的相互联系和相互渗透。在环境艺术设计的教育过程中，应注意到与艺术类相关的专业学科之间进行兼容、互通，并互相学习，让它与环境艺术设计的教育朝着边缘的交叉方向发展，这样才能提高它的教育的深度和广度。

（三）教学方法与手段

我们可以借助于各种手段，在具体的教学过程中来增强学生的民族审美素

---

① 李永慧. 环境艺术与艺术设计 [M]. 长春：吉林出版集团股份有限公司，2019.

养，加强学生对于传统文化和民族文化的了解和认识。身为环境艺术设计的教师应该积极引导学生将中国的传统文化的元素运用到设计中，比如在设计中运用传统装饰元素，一方面可以让学生在设计实践中感受传统文化的魅力，另一方面可以设计出具有人文关怀的设计作品，蕴含着人文精神，实现对室内设计教学形式的丰富。

在设计过程中，我们要对"传统元素"进行合理的运用，但又不能对其进行过多使用，要有针对性而不是进行简单的堆积。在传统文化中有着多种多样的可以利用的元素与层面，比如，可以借助于传统的屏风的形态和图案，来划分室内的空间；运用吉祥符号、青铜纹饰等进行墙壁的装饰；运用明朝家具的样式，青花瓷器的样式，来进行室内的装饰等。学生在进行作业课题训练的时候，学生在这个过程中可以直接体会到中国传统文化所蕴含的内涵和意义，在无形中加强学生的人文素养。

（四）建设一支高素质的教师队伍

在我国的环境艺术教育中，我们应该立足于民族文化的根本，走出一条适合我国国情的发展之路。不断完善教学方式，使学生在获得相关的专业知识的基础上，更多地了解相关的传统文化，增加学生的学习兴趣，增强学生的自觉意识，以更加积极和主动的姿态深入研究中国的传统文化，将专业知识与文化要素相结合，不断提高自身的文化和艺术修养，使自身具有完善的、综合的、充分的创作能力。对于中国的传统文化，学校在环境艺术设计教育中应该积极弘扬和发展，探索出一条与中华民族特性和特定面貌的设计教育系统，让学生成为优秀的中国文化特质的设计师。

三、环境艺术设计教育中设计意识的培养

我国的改革开放不断深入发展，随之而来的我国的经济也获得了极大的发展，提高了人们的生活水平，同时，在这样背景下的人们对于环境的重视程度也不断增加，关注也越来越多，在此基础上，我们要实现环境质量与环境艺术的结合，并且立足于人类的未来发展，进行环境艺术设计教育。在环境设计艺术领域，环境设计意识是非常关键的因素，环境艺术只有具备科学性才能实现人们环境意识

的不断发展，环境艺术的发展和人们环境意识的发展会推动人们环境设计的不断发展，在发展的过程中，这二者存在着紧密的联系。

（一）环境艺术中的现代设计意识分析

环境的基本概念，主要是指人们所处的外部空间。然而，从进入环境的含义来看，它属于一个较为综合性的概念，这就包括了外部因素（空间、道具）与心理等内在因素。作为现代化的产物，环境意识是伴随着人们对环境深入认识的基础上产生的，在某种意义上来说，环境的意识能够促使人们自觉地对社会进行改造，从而推动社会的发展。鉴于此，人们对于环境的要求也会越来越高，在这样的发展过程中，这是一个对于建筑要求不断变化和发展的过程，是现代化走向成熟的重要标志，促进了人类意识上的飞跃。传统的建筑空间形态已经不能满足现代的发展要求，它要求人们具有相对较强的环境意识，这就导致现代的设计更为复杂和专业，在某种程度上也就催生新技术和新手段。

在当今的社会中，人类的社会环境受到了某种程度的破坏，快速发展的城市化导致了人们的生活中缺乏了一些人性的味道，在发展的过程中，自然资源也在持续地减少，能源受到了严重的破坏。身处信息化时代，人们遭受了更多的视觉和听觉上的污染，人们对于环境的破坏已经达到了一个可以承受的极限，这让人们必须要考虑一下自己的生存环境，因此，人们对环境的观念、对环境的保护等方面的关注都在持续地增加。在这种情况下，环境艺术产生，环境艺术需要在物质与意识空间中将自然和人工相结合。

（二）加强现代设计意识的策略

由于我国在环境艺术方面的研究起步比较晚，所以在很多方面都是从国外的角度出发，借鉴西方国家的经验，并与国内的现实相结合发展起来的。在这样的情况下，我们国家的环境艺术设计的发展情况并不理想，例如，目前世界上所采用的环境艺术设计的材料主要是绿色环保的，而我们国家所采用的材料还比较单一和陈旧。另外，对于环境艺术设计，由于我们对其缺乏足够的关注，使得我们的环境艺术还没有在全国范围内形成一种很好的环境艺术氛围，从而影响环境艺术设计在国内的发展与进步。我国的环境艺术设计应该紧随时代发展的潮流，随着经济社会的不断发展而不断进步，在环境艺术设计中融入现代设计艺术，以此来实现自身设计水平的提高。

本书认为，培养可以从以下几个方面入手：

1. 保护文脉、注重传承民族传统文化

作为一种综合艺术，环境艺术设计又是一种人文艺术。将民族传统文化的精华与魅力，融入环境艺术设计中，可以实现对民族传统文化的保护，这是我们所努力追求的一种环境艺术设计文化意蕴。但是，作为一个未来的社会设计者，环境艺术设计专业的学生，在这个过程中肩负着对传统文化的继承与发展的重任。

文脉是一个国家在历史上不断发展的积淀，在传承文化的继承和地域场所精神传承方面，环境艺术设计是复制传统？还是在当代进行有选择的创新？是注重形式？还是注重本质精髓？这是值得我们去思考的问题。在环境艺术设计的过程中，不仅是对于人性以及空间进行感悟的过程，同时还是对于传统文化和当代文化的感悟过程。目前，在某些现代化的环境景观设计中，我们经常可以见到小桥流水、亭台楼榭等园林景观，但其中很多园林景观只是死板地复制着经典的、古典的元素，与设计最基础的功能相去甚远，这样的情况对于环境艺术的发展不利。任何一种环境景观的设计从一定程度上来说，都是一种对于场所的设计，只有充分发挥了景观所在地的特色，深入挖掘了地方的自然特点和文化内涵，才能将所在地地方的精髓充分发挥，感受到地域场所的精神，只有这样，设计师设计出来的建筑景观才能对不同的功能需求进行满足，体现出审美价值，也才能让城市的空间和文化遗产的传承更有意义。

在实际的教学过程中，教师要注意引导和帮助学生对正确的、科学的设计方法进行掌握，对于土地与人之间的紧密联系需要让学生了解和明确，并通过对被设计的环境的调查和分析，使学生站在人们的心理需求角度和现实需求角度对环境设计中的人文内涵以及社会意义进行理解和把握。其次，在教学中，教师应注意让学生学会和掌握适当的设计方法，帮助学生创造出符合人的功能需要和审美需要的空间环境。即使环境设计设计得再漂亮，一旦缺乏实际的用途，就是虚有其表、没有任何价值和意义的设计，这种设计与当下的教学目标和设计理论相违背。

在教学中，教师还应让学生明确，在环境艺术设计的过程中，要保护好文脉，要在满足环境的功能性需求的基础上，将文化内涵融入环境设计中。基本出现了为文化氛围为导向的设计，也不能出现为了设计而强化文化，需要在文化与设计之间需求一个完美的平衡点，在设计时要兼顾各种功能的需要，同时融合文化的内涵。

2. 将新技术融入环境艺术设计中

随着现代科技的发展，我们对环境美术的认识也越来越深刻，我国的环境艺术设计的发展也逐渐稳步向好。环境艺术设计的方式因为新的材料、新的技术、新的方法，具有综合性和多样性的特征。现代科技的进步，为人性化和科技化的环境艺术设计提供了有力的技术支撑。所以，目前的环境艺术设计也应当以"现代化"为设计理念。在平时的教学中，老师要鼓励学生持续地学习，将新的科技成果运用到环境艺术设计中，同时还要在环境艺术设计中采用各种新材料、新工艺、新产品，这样有助于设计作品具有科技性、艺术性，实现对整个环境艺术设计的优化，这样的环境艺术设计可以对人们的精神需求和生理需求进行满足。

3. 将生态理念融入环境艺术设计中

当前，科技在不断发展和进步，随着工业化的持续推进，目前人类生存的生态环境遭到了严重的破坏与污染，使得人们的生活品质大大下降。从这一特征出发，对于环境艺术设计，我们可以将其作为协调人与自然之间关系的一条重要路径，借助于绿色的环境艺术设计来改变目前的环境污染状况，提升人民的生活品质。在实践中，教师要加强学生对于环境保护的教育，重视对于资源的有效和高效利用。教师可以鼓励学生在设计中尽可能使用绿色的材料和工艺完成艺术设计，同时将一些国外的、先进的生态化的方式引入建筑设计和环境景观中，让学生对设计的景观进行分析和研究，学生的环保意识要不断加强，让学生设计出环保的、符合当前需求的作品。

生态设计一方面要对人类生活的外在空间进行保护，另一方面，应该实现生态环境对于人们身心健康的影响进行关注。在工业化进程的冲击下，当今的社会，不管是自然环境还是人类的精神生态，都遭受到了极大的侵害。而人的精神生态与环境艺术的设计是紧密相连的，在环境艺术的设计过程中，环境艺术设计心态与人们的心理状态、人体工程学都是紧密相连的。比如，在设计过程中，从生态感知方面，环境艺术设计者设计中所使用的色彩、空间、尺寸、材料、形态等会给人们带来不同的感受。这就要求我们在进行环境艺术设计时，要注意其艺术性和多样性，使其达到物质与精神的统一。

在教育教学中，教师要积极引导学生设计出更多符合人类心理特点和生理特点的作品，帮助和指导学生设计出可以调节人类的精神状态，安抚人类心灵的艺术设计环境。比如，环境艺术设计师可以有针对性地设计一些比较有趣、夸张、轻松、神秘的设计，以此来缓解人们的焦虑紧张，让人们在喧嚣的城市中找到一处安静的栖身之地，寻求心灵的安宁。

从整体上来看，当代环境艺术设计教学就是一个以"设计"为中心，培养学生的设计思想的教学过程，引导学生在整个的设计活动中将设计意识作为核心。环境艺术设计教育与其他教育相同，在设计教学中，不仅仅是教师对知识的传授，同时还需要对学生的设计能力进行培养，将他们的想象力和创造力充分地发挥出来，让他们能够设计出更多更好更具有创意的艺术作品。因此，教师应该在思想和观念上解放学生的思维，让学生的大脑变得活跃，对于传统的教学模式要进行转变，使用新型的教学模式，比如互动研讨式、引入启发式教学等教学模式，实现对学生字数设计能力的培养。与此同时，老师也要重视培养学生仔细观察的能力和感受事物的能力，使学生真正实现眼、脑、手的统一，从而使学生的设计技能得到提升，推动学生的全面、高质量发展。

四、环境艺术设计教学体系建设

就专业的发展和当前社会对于专业人士的需求来说，环境艺术设计专业既需要培养出具有审美能力的人才，也需要培养具有创新意识的人才，不仅如此，环境艺术设计专业的人才应具备扎实的专业基础，具备非常强的实践能力，成为复合型的人才。但是，从当前教学的现状来看，存在着一些问题：单一的教学手段、侧重于理论教学、缺乏实践技能等，这就造成了培养的学生不能与社会的需求相匹配，学生缺少了实际的工作经验。因此，应该建立起专业实践教学体系，同时建立起理论教学考评体系。在此基础上，如何构建一套适合我国国情的实践教学体系，是环境艺术教育的重要课题。

（一）环境艺术设计专业实践教学的重要性

环境艺术设计专业的整体的目的，就是要建立一个健全的实践教学系统，让学生可以具备更好的人际关系，拥有团队合作精神，让他们可以灵活运用和掌握专业知识、技能，并在社会中进行更多的实践，从而使他们能够成长为一名能够满足社会需要和产业需求的应用型、综合型人才。

实践教学有着重要的意义和作用，主要可以从以下四个方面体现出来：一是能帮助学生更好地认识自己的专业特征，更好地融入工作岗位中；二是帮助学生更加直观对古代和现代的环境艺术设计的精髓进行把握；三是有利于提升学生的设计能力，让设计作品中更具有工程技术性；四是协助学生更好地了解未来的发展趋势。

首先，学生对所学课程的理解程度和对所学课程的热爱程度，直接关系到所学课程的教学质量和就业前景。初学者若不能很好地理解将来所从事的工作的本质及内容，将会在工作中出现"盲从"现象，导致学习上的松懈；如果高年级的学生对于之后的专业流程和施工场地等还很不熟悉，会增加之后的求职和就业的难度。要想对一门专业进行深入了解，最好的办法就是在实践中获得知识和经验，这比课堂教学更加深刻。所以，在大学生的教学过程中，学校应该积极安排学生进行实习、见习、调研等实践活动，让学生逐步对本专业有清晰的认识和定位。

其次，环境艺术设计不是无根之水、无本之源，必须使学生广泛吸收古今中外环境艺术设计的精髓，充分了解各个时期、各个地区的风格特点，在融会贯通中才能逐渐形成符合中国特色和中国人使用心理的当代环境艺术设计理念。在中国大地上有着气势恢宏的北方皇家宫苑，清新典雅的江南私家院落，因地制宜的各地民居村落，也有着上海、深圳等一些汇聚了现当代环境艺术设计精品的国际化大都市。因此要组织学生多走出课堂，在理论教学之后，合理安排设计采风的地点，使学生更直观地感受古今中外的设计艺术与风格，做到博采众长。

再者，环境艺术设计不能是纸上谈兵，因此必须提高学生对于实际施工与制作工艺的掌握水平，使得设计的作品真正做到艺术与技术相结合。因此在教学过程中要让学生深入施工现场和各类环境陈设品的生产现场，让学生掌握施工流程、工艺、材料和各类陈设家具的制作过程，使得学习紧扣实际、紧扣生产，也使得设计的作品能充分反映现代工艺，同时在工程技术上具有实际可操作性。

最后，我们所培养的学生不仅要具备相当的设计、表达能力，在毕业后能胜任环境艺术设计的工作，更要让他们在设计思想上具有一定的创新性和前瞻性，具备从设计匠人提升为设计大师的潜在能力。因此在教学中要组织学生多参观高水平的设计展，参与专业设计竞赛等实践教学环节，使学生接触设计的最前沿，使他们对未来发展的趋向有所思考和体会。

（二）结合人才培养目标积极开展专业实践教学

人才培养方案是高校人才培养的直接要求和有效保障，环境艺术设计专业的培养方案多是以培养学生的社会责任感、创新精神和实践能力为核心，使学生具备扎实的专业基础和较强实践能力。既然培养方案中对于实践能力的培养有明确的要求，那就需要对实践教学的实施、实践教学的管理、实践教学成果的考核形式等环节进行控制，所以实践教学体系的建立是十分必要，也是十分重要的。尽管如此，许多高校还是在延续传统的教学体系。虽然在制定培养方案时十分强调理论课和实践课的结合，但在实际的专业教学中，往往过多强调理论知识的讲授，更多关注是课堂教学，对实践教学没有引起足够的重视。即使在进行实践教学时，也常采取虚拟课题的方式，又缺乏有效的课程管理，造成学生在实践环节中没有明确的目的性，实践教学流于形式。长此以往，也就失去了实践教学的意义。

（三）专业发展需要制定实践教学体系

实践教学体系的建立，对专业的发展、教学质量管理、师资队伍建设、学生实践能力培养等具有重要的指导意义，完善的实践教学体系是保证实践教学质量的关键。对实践教学的评价要有一定的量化标准，要有一套科学实效的以能力为中心的考核评价体系。环境艺术设计是一门涉及内容广泛的交叉性专业，与其他专业相比较，环境艺术设计更具理性、科学性、技术性，也更具实践性。基于这样的考虑，高等学校的环境艺术设计专业就必须实施实践教学，注重理论教学和实践教学的结合，通过实践教学的促进，理论教学才能达到既定的要求，学生的综合素质才能提升，从而在批判思维、实践能力、创新能力等方面得到协调发展。由此，实践教学体系的建立也就显得至关重要了。

（四）以社会需求为导向的实践教学体系的建立

高校的基本任务是培养适应社会发展需求的专业型人才，随着环境艺术设计专业在全国众多高校的设置，越来越多的学生涌入到市场当中，随即造成了严峻的就业形势。环境艺术设计是一个跨学科、综合性的专业，该专业学生多样化的专业技能决定了其就业方向较宽泛。然而大量事实证明，以往传统的注重理论教学轻视实践教学或实践教学流于形式的教学方法，严重影响着学生的实践能力和就业能力。在进行专业教学时，不仅要对实践教学的重要性引起足够的重视，同时还要注重建立科学的实践教学体系，探索专业教育和社会需求相契合的培养方式。

1. 构建实践教学体系的思路

正视社会需求和专业教育的错位，积极开展教学方法改革，调整教学体系及教学思路，以培养优秀的具备扎实专业基础和较强实践能力的创新型复合型人才为重。环境艺术设计专业的教学必须更新教学观念，制定科学的人才培养方案，构建科学的教学内容和教学体系。专业教育必须注重创新思维的培养与实践教学相结合教学方式，强调实践教学的连续性和渐进性。

2. 构建实践教学体系的原则

实践教学体系的建立包括实践教学制度的制定、实践教学内容的设置、实践技术能力的培养及实践教学体系的检验等。体系的建立要体现以下几项原则：科学性，即体现科学严谨的治学作风；创新性，即具有创新意识，更新教学方法；适应性，即实践教学体系的建立要适宜专业发展，适应社会需求；整体性，实践教学体系的建立要注重制度制定、内容设置、能力培养、检验机制的整体性。

3. 构建实践教学体系的方法

以社会需求为导向的实践教学体系的建立，必须要适应社会发展的需求，对实践教学的内容、实践教学的方法、实践教学设施的建设进行改革。要有利于知识结构的优化，有利于增强学生的实践能力，有利于提高学生自主学习的能力，有利于培养学生的适应能力、竞争能力和创新能力，有利于学生掌握提出问题、分析问题和解决问题的方法。提高参与实践活动的积极性，加深对理论知识的理解和掌握。

（五）以多元化的考核形式检验实践教学体系的建立

实践教学体系的建立要求制定科学严格的考核标准，从而保障实践教学的顺利开展。考核标准的制定除了要符合学校人才培养方案的目标和要求，还要符合环境艺术设计专业发展的实际，此外还要参照相关企业的设计标准和社会对人才的需求来制定，并以多元化的考核形式来检验实践教学体系的建立是否合适。实践教学体系的建立和考核评价的制定可以参考以下几方面：

首先，符合学校人才培养方案的目标和要求。遵循高等教育教学规律和人才培养规律，以培养学生的社会责任感、创新精神和实践能力为核心，使学生既具有扎实的专业基础，又具备较强的创新及实践能力。

其次，符合环境艺术设计专业发展的实际。研究专业实践教学中所存在的问题和不足，特别是理论教学和实践教学环节的衔接，寻找改善和解决的方法，符合专业发展的实际情况。

再次，参照相关企业的设计标准和社会对人才的需求。进一步丰富实践教学形式，按企业和社会标准健全实践教学的考核形式和管理制度，训练学生的组合协调能力、技术应用能力、创新能力、表现能力等，达到实践教学的要求。

最后，通过对环境艺术设计专业实践教学体系的建立和实践教学的有效实施，不仅可以加强学生各种综合性专业知识的融会贯通，并且可以使学生具备综合运用知识提出问题、分析问题和解决问题的能力，达到人才培养目标和要求，更好地适应社会的发展。

五、环境艺术设计的教学实践

"环境艺术"是一个大的范畴，综合性很强，是指环境艺术工程的空间规划，艺术构想方案的综合计划，其中包括了环境与设施计划、空间与装饰计划、造型与构造计划、材料与色彩计划、采光与布光计划、使用功能与审美功能的计划等，其表现手法也是多种多样的，也必然决定了环境艺术设计教学是一项目标明确、全面统筹和极具创新的工作，其中以创新教学最为重要。创新源于拉丁语，它原意有三层含义，第一，更新；第二，创造新的东西；第三，改变。创新是人类特有的认识能力和实践能力，是人类主观能动性的高级表现形式，是推动民族进步和社会发展的不竭动力。一个民族要想走在时代前列，就一刻也不能没有理论思维，一刻也不能停止理论创新。创新在经济，商业，技术，社会学以及建筑学这些领域的研究中有着举足轻重的分量。

环境艺术设计的教学创新是保证培养创新型环境艺术设计人才的关键，环境艺术设计的教学创新要立足实际，明确目标、完善培养模式、优化课程设置和教学内容，强化理论注重实践，培养既懂理论，又具有实践创新的专门人才，对于高校环境艺术设计专业实践能力的培养更为重要。

（一）教学现状

环境艺术设计专业是实践性很强的专业，从目前我国高校开设的艺术设计专业环境艺术设计方向的现状来看，在实践中表现为创新不足，缺乏"专业理论"的思想指导，理论与实践教学尚未有效结合。

（二）对策探析

环境艺术设计专业是实践性很强的专业，如何使理论教学与实践教学有效地融合，理论有效指导实践，实现设计创新，培养具有创造力的创新人才是当务之急。

1.优化教学管理机制

在环境艺术专业的课程设置上，教学管理者应该引起足够的重视，通过加强专业理论课程的教学，尤其是环境美学课程。目前，环境美学的研究主要是针对城市空间美学和建筑美学的研究，在城市空间美学和建筑美学的研究方面国内外的学术界已经达到了一定的理论深度，开设环境美学课程对学生专业理论素养和审美情趣的提高都有着积极的意义。根据实际情况制定"工作室制"，或者创办社会型设计公司。"工作室制"是指学生在接受统一的综合造型基础课和专业基础课的训练后，再进入专业导师工作室接受专业课程的学习，通过设计公司（工作室）建立既统一，又灵活的教学管理机制，通过实践强化理论教学，让理论通过实践升华。高校一定要以灵活的方式办学，形成培养产品（即学生）与社会需求无夹缝，培养既懂理论又具有强有力实践经验的高技能型人才。

2.创新教学环境

如何实现培养既懂理论又具有强有力实践经验的高技能型人才？创新环境设

计专业教学是处理基础课与专业课的关系的保证，尤其是在"专业设计课"的过程化教学中，通过多种渠道加强与社会的联系，让学生有更多的机会参与实际工程项目的设计，鼓励学生将公司或者课题带到学校里来，在教师的指导下或课外小组中完成，或让学生参与教师接纳到的工程设计项目，在设计的实践中，将课堂内学到的理论知识运用到实际设计中，并在实践中增长才干。创新教学环境，北海艺术设计职业学院在这方面走出了一条成功之路，专业老师既是老师又是名副其实的设计师。不少老师不仅承担人才培养的任务，而且在服务地方上大有建树，创办设计公司，担当设计总监、设计师，利用项目制教学引入，这些公司作为北海艺术职业学院环境艺术系学生的教学实践基地，通过实践先后承担完成了无数个设计项目，学生们通过实践设计水平明显提升，教师也通过真实的环境教学及时发现问题、解决问题。

3. 服务地方，融入地方

任何一个物质形态的环境艺术设计作品，都有着不同的文化背景和内涵，这就要求设计师具有丰富的文化修养，设计出的作品要充分考虑当地的历史背景、人文思想观念、民族化特点、经济发展概况、人的思想演变过程等因素是否具有民族化观念。只有这样设计师才能通过表象，表现出以物质形态为基础的精神思想，才能对设计有一个全面深刻地把握，设计出符合当地民情、民风易于被人们接受的民俗作品。所以说在课程体系建设方面要强调民族化观念、服务地方的概念，在基础课的设置上主动融入地方文化。在环境艺术设计课题构思前进行深入的调查研究。要求学生设计构思前要完成大量的实地调查与分析研究，充分利用地图、照片和各种调查统计的表格与数据，说明环境特点，提出对环境建筑设计的构思制约性解决办法。教师们积极参与科研申报，通过项目立项开展科学研究有效地解决在服务地方中存在的问题，在服务地方中环境艺术设计课程的地方化有效加强。

（三）关于创新环境艺术设计思维的几点建议

1. 加强师资队伍建设，引进现代化教学手段

科学技术的不断进步，现代教学手段也得到了很大程度的丰富。对于环境艺术专业而言，通过采用新的教学方式，比如多媒体教学，可以提高实际教学效果，

缩短教学周期。同时，由于环境艺术设计有很强的实践操作性，采取现代化的教学措施，可以讲完整的设计案例通过多媒体展现的学生面前。不但加深了学生对案例的认识，也大大方便了教师的讲解。同时，作为教学的管理人员，应该加强对教师队伍的建设，只有教师的水平得到了提高，环境艺术专业才能得到更好的发展。在教学方法的改革过程中，应该以学生作为主体，通过教师的引导，实现环境艺术专业知识结构的传授。环境艺术设计专业本身是一门同社会紧密联系在一起的专业，教师在教学过程中，应该结合实际的案例对知识进行讲解，而不仅仅是知识的讲解，更重要的是教会学生思维的创新。

2. 创建统一灵活相结合的教学管理机制

环境艺术设计专业不但要有相关的专业的基础课程，还要有相应的专业实践课程。在实际教学过程中，可以通过采用"专业工作室制"的方式对学生进行培养。主要是指在学生的前一二年主要学习专业基础课程，而在最后的一二年教师根据实际情况，将学生纳入工作室中进行实践学习。由于环境艺术设计专业课程与审美是分不开的，在专业基础课程设置过程中，应该开设相关的环境美学的课程，让学生的理论素养和审美情趣得到一定程度的提高。只有这样，学生在后面的实际设计过程中，才能设计出符合人们审美需求的产品。通过创建同一灵活的教学管理机制，可以很好地培养学生基础知识与实践动手相结合的能力。

3. 优化教学环节，创新教学环境

环境艺术专业非常注重实践课程教学。在"专业设计课"的教学过程中，可以充分发挥教师、学生各方面的优势，倡导学生将企业的工程项目带到课堂上，由教师和学生合作完成，在这个过程中，教师主要是起指导的作用。或者，在条件可以的情况下，让学生参与到教师的工程设计项目中，在实践操作过程中，掌握环境艺术设计的知识。此外，在课堂教学过程中，还可以通过"讨论""讲评"的方式完成课堂教学。在项目设计过程中，让学生之间进行展开讨论，分析设计过程中存在的缺陷与不足，通过这种方式，充分调动学生的学习热情。通过创新的教学的环境，让学生体会到环境艺术专业本身的创新特色。

4. 培养学生创造性解决问题及实践能力

对学生创造性思维和实践能力的培养应该贯彻在整个艺术课程过程中，只有这样，才能真正实现学生从知识到能力的转变。在课堂练习过程中，老师应该通过各种方式来体现问题解决的多种可能性。不能仅仅局限在对知识的传授，如何使用知识尤为重要。环境艺术设计作为一门实用性很强的课程，实践与创新不可缺少。学生只有学会了对知识的灵活运用，受到专业的认知与能力调控训练，才能真正理解创意的重要性。当然，创新意识离不开大量的实践练习，只有通过练习才能清楚如何更好地运用知识，而这些必须经过实践的积累。

社会不断发展进步，环境设计专业教学内容也应该不断创新改革。作为一门实践性非常强的专业，在实际的教学过程中，应该重视这方面能力的培养。通过创造合适的机会，让学生真正地参与到项目建设中来，体会到环境设计专业的应用性。学校应该注重培养学生的创造性思维，艺术设计离不开创新。在传授课本基本知识的过程中，还要结合环境设计专业的特点实现对创新思维的培养。

综上所述，环境艺术设计是一门实践性、创造性极强的专业，所以我们专业教师要优化教学环节，创新教学环境，不断通过教学改革和新的举措，加强创造性解决问题的训练与创造性实践能力的培养，在培养人才中，通过科学研究不断探索新思路、新方法，服务地方，传承先进文化。

参考文献

[1] 陈媛媛．环境艺术设计原理与技法研究 [M]．长春：吉林美术出版社，2018．

[2] 胡卫华．环境艺术设计的实践与创新 [M]．南京：江苏凤凰美术出版社，2018．

[3] 孙磊．环境设计美学 [M]．重庆：重庆大学出版社，2021．

[4] 李永慧．环境艺术与艺术设计 [M]．长春：吉林出版集团股份有限公司，2019．

[5] 俞洁．环境艺术设计理论和实践研究 [M]．北京：北京工业大学出版社，2019．

[6] 飞新花．环境艺术设计理论与应用研究 [M]．长春：吉林大学出版社，2021．

[7] 王雄．文博展馆空间设计 [M]．沈阳：辽宁美术出版社，2014．

[8] 辛艺峰．建筑室内环境设计 [M]．北京：机械工业出版社，2018．

[9] 黄茜，蔡莎莎，肖攀峰．现代环境设计与美学表现 [M]．延吉：延边大学出版社，2019．

[10] 瞿燕花．环境设计实践创新应用研究 [M]．青岛：中国海洋大学出版社，2019．

[11] 王丽丽．环境艺术设计在建筑设计中的应用实践研究 [J]．砖瓦，2023(02)：66-69．

[12] 杨晨．绿色生态审美视域下环境艺术设计要素研究 [J]．美术教育研究，2015(09)：88．

[13] 王锡金，赵灵芝．公共空间中公共设施的设计思路与实践 [J]．包装工程，2023，44(02)：312-315．

[14] 刘洁．基于环境行为学视角的城市公共空间动态景观设计研究 [J]．艺术与设计 (理论)，2022，2(12)：71-73．

[15] 张彩红．教育化共享视角下的室内空间设计 [J]．建筑结构，2022，52(23)：185．

[16] 吴洪洁 . 三大构成在室内设计中的应用研究 [J]. 工业设计，2022(11)：122–124.

[17] 李温喜 . 高校环境设计专业"课程思政"实践研究 [J]. 大众文艺，2022(20)：172–174.

[18] 张青 . 现代环境景观设计中的美学意蕴 [J]. 现代园艺，2022，45(18)：57–59+62.

[19] 何林蔚 . 环境艺术设计美学思考 [J]. 湖北农机化，2019(23)：47–48.

[20] 于文汇 . 设计美学及审美要素与环境艺术设计联动性的研究 [J]. 艺术教育，2019(01)：186–187.

[21] 王阳 . 历史文化商业街区公共空间设计策略研究 [D]. 杭州：浙江理工大学，2022.

[22] 夏楚惠 . 空间形式在室内设计中的应用研究 [D]. 桂林：广西师范大学，2022.

[23] 肖尧 . 空间体验视角下城市集市空间优化设计研究 [D]. 大连：大连理工大学，2022.

[24] 万宇 . 商业综合体外部公共空间活力营造与设计研究 [D]. 上海：华东师范大学，2022.

[25] 施文 . 文化建筑空间"冗余性"研究 [D]. 北京：中国矿业大学，2022.

[26] 张文青 . 景观都市主义的思想研究及其在生态景观规划设计中的应用 [D]. 上海：上海应用技术大学，2021.

[27] 杨琬莹 . 公共艺术接受机制及其在景观设计中的应用 [D]. 西安：西安建筑科技大学，2021.

[28] 胡澜紫月 . 环境设计专业本科基础教学的探索与研究 [D]. 北京：中央美术学院，2016.

[29] 徐珊珊 . 公共艺术在城市空间建构中设计美感的研究 [D]. 哈尔滨：哈尔滨理工大学，2016.

[30] 潘俊峰 . 边缘·边界·跨界 [D]. 天津：天津大学，2013.